新世纪全国高等院校珠宝首饰设计专业十二五重点规划教材

宝石学基础

上海人民美術出版社

图书在版编目（CIP）数据

宝石学基础 / 郭杰编著. —上海：上海人民美术出版社，2016.4（2021.8重印）
（新世纪全国高等院校珠宝首饰设计专业十二五重点规划教材）
ISBN 978-7-5322-9821-1

Ⅰ.①宝… Ⅱ.①郭… Ⅲ.①宝石—高等学校—教材 Ⅳ.①P578

中国版本图书馆CIP数据核字（2016）第047173号

新世纪全国高等院校珠宝首饰设计专业十二五重点规划教材
宝石学基础

编　著　郭　杰
责任编辑　张乃雍
装帧设计　康　康
技术编辑　史　湧
特约编辑　柳　方
出版发行　上海人民美術出版社
（上海长乐路672弄33号）
邮编：200040　电话：021-54044520
网　址　www.shrmms.com
印　刷　上海新艺印刷有限公司
开　本　889×1194　1/16　10.5印张
版　次　2016年4月第1版
印　次　2021年8月第3次
书　号　ISBN 978-7-5322-9821-1
定　价　78.00元

序言

人类开采利用宝玉石的时间可以追溯到5000年前甚至更早以前，但是人类从本质上了解和系统地研究宝石还是在19世纪中期。这一切的起因源于新的合成材料的出现和合成材料技术的发展，1885年由弗雷米（E.Fremy）、弗尔（E.Feil）和乌泽（Wyse）一起，利用氢氧火焰熔化天然的红宝石粉末与重铬酸钾而制成了当时轰动一时的“日内瓦红宝石”。后来于1902年弗雷米的助手法国的化学家维尔纳叶（Verneuil）改进并发展这一技术使之能进行商业化生产。合成宝石材料的出现曾一度给市场带来极大的恐慌，但随着矿物学、结晶学在天然宝石材料鉴定方面应用，逐步发展出来一个新的学科——宝石学。

宝石学作为专门的一门科学来研究最早源于英国，1908年英国率先在世界上创建了第一个宝石研究机构——英国宝石学会。继英国的宝石学研究起步之后，美国也紧随其后，并于20世纪初，美国密歇根大学、美国哥伦比亚大学等学院将宝石学作为一种学科在大学内讲授，随着宝石研究院校的不断增多，1930年至1931年间，罗伯特·希伯利先生创办成立了世界上第一所专门研究宝石的高等学校——美国宝石学院。

通过对比国内颇具影响力的英国宝石协会与宝石检测实验室编著的FGA系列教程和《系统宝石学》，不难发现国内外的宝石学教育存在两种不同的理念。国外宝石学教育以实践为主，理论是为实践服务的。因此国外在宝石学相关书籍的编著中，采用大量简图和宝石图片帮助学员去理解学科中的抽象概念，但理论知识明显不够系统，很多读者无法透彻地理解一些基本的理论知识。与之相对比的是国内的宝石学教育非常系统，强调循序渐进，理论和实践并重，学生一般要从地质学的基础知识学起，然后过渡到宝石学方面的相关内容。但是由于宝石学中抽象概念过多，且国内更倾向于用文字表述概念，缺乏图片和读者的共鸣，一旦实践不足，其结果往往造成读者对于很多实际现象的似是而非。

而《宝石学基础》这本书的出现可以说为解决上述两个矛盾的问题起了抛砖引玉的作用。基于作者多年培训和教学经验，书籍的编排在系统性和实践性两者之间找到了一个巧妙的平衡点，在近似与系统的分类的基础上，作者通过大量一手图片对于典型的抽象概念进行表述、总结。在阅读完本书后，读者对于宝石学“一条证据否定，三条证据肯定”思路会有初步认识，也会了解到作为一名宝石学家需要有细致的观察力。

中国地质大学（武汉）珠宝学院院长杨明星

前言

在目前宝石学教学中遵循的思路一般是学科基础名词的释义，常见宝石实验室仪器的使用教学，相关宝石参数和性质的查找和记忆，在整个教学思路过程中都会穿插有宝石文化或延伸应用相关教学。对于学科基础名词释义这一方面，以美国宝石学院为首的相关宝石研究所、以英国的卡莉霍尔为代表的相关领域专家均作出了卓越的贡献。但是在实际宝石学入门基础课程的学习及教学中，因学科系统性及学科思维方式的局限，宝石学基础课程的内容仍然停留在传统的言传身教上，其实际结果是因学习者与讲授者背景文化知识等理解、认知差异，往往学习效果不尽如人意。

针对上述现状，本书借鉴美国宝石学院、古柏林宝石实验室等宝石实验室对学科基础名词释义及现象的展示手法，结合自身实际教学、培训经验，从一个崭新的视角，以图文并茂的形式描述宝石学基础名词及概念，力争缩小在宝石学基础学习及教学过程中因理解和认知所产生的差异。

本教材分为序言和不同种类宝石基础名词释义（第二章至第五章）两部分，是一本综合性、实用性强的珠宝鉴定学习入门级基础教材。它能够满足高等院校、高职高专、技工院校、珠宝教育培训机构及珠宝企业内部员工培训学习宝石鉴定仪器操作使用技能的需要，也能拓展学习者珠宝检测视野和思路。本教材的编写着重突出基础名词释义及对应现象。图文并茂、简明扼要，融学科专业能力培养、学科专业素质提升、学科思维打造于一体，是一本实用性极强，参考价值极高的专业教材。

本教材的编写始终得到了中国地质大学（武汉）珠宝学院杨明星院长、深圳技师学院珠宝首饰系李勋贵主任的支持。文中标本的提供要特别感谢陈志强博士，深圳职业学院胡楚雁博士，深圳技师学院廖任庆老师。文中部分内容的审核和校订要特别感谢深圳技师学院廖任庆老师和刘志强老师。此外，教材编写还得到了珠宝行业众多朋友、专家的支持和帮助。另外特别感谢上海人民美术出版社柳方编辑在百忙中对教材稿件的审核与编排，最后对支持本教材出版和发行的所有同仁，在此表示诚挚的感谢。

笔者在资料搜集、文字描述、图片特征拍摄过程中都秉承专业和直观易懂的原则，但书中定有疏漏和不妥之处，敬请有关专家、学者及广大读者不吝赐教，以便进一步改进和提高。

作者
2015年12月 深圳

目录

第一章

绪论

英文单词“Jewelry”来自于拉丁文“Jocale”，意思是玩物，英文单词“Jewel”是13世纪从法语单词Jouel延伸而来，Jewelry（在欧洲也会被拼写为Jewellery）被用来形容用来装饰人们的珍贵的材料（宝石、贵金属等）。

珠：蚌之阴精（《说文》）。珠以御火灾，是也（《春秋国语》）。宝：珍也（《说文》），珍宝（《广韵》）。首：头也（《说文》）。饰：修饰也（《玉篇》）。

不管是国外还是国内，对于珠宝和首饰这两个词语最初都指用来装饰人的珍贵材质。随着18世纪科技发展与矿物学、岩石学的完善，宝石学也应市场的需求在其基础上逐步发展起来。在宝石学中所提及的宝石和传统观念不同，其范围更广，随着现代科技的发展，更多的新材料不断涌入市场，但是对于宝石材料的要求仍然是必须满足美丽、耐久、稀少和可加工性。

第一节 宝石的定义及分类

一、宝石的定义

珠宝玉石是对天然珠宝玉石和人工珠宝玉石的统称，简称宝石。

传统意义上的宝石指的是由自然界产出，具有美观、耐久、稀少的特性和工艺价值，可加工成饰品的晶体（图1-1-1）、集合体或有机宝石（图1-1-2），例如钻石、珍珠等。因此通常提到宝石会将宝石的名字和价格画等号，并认为其价格是极其昂贵的。

图1-1-1 晶体

随着材料学的不断发展，在实验室中我们更加容易造出宝石材料，会更加关注固体材料的美丽和可加工性，例如造型色泽各异的玻璃、塑料等。在提到这类宝石的时候，通常会认为是假的或者根本不是宝石。

自然界中发现的矿物已经超过4000种，其中能够作为宝石的原料仅有230余种，而国内外珠宝市场上主要的流行宝石只不过50种。在实际市场上并非所有流行的宝石都同时拥有美丽、稀少、耐久、可加工这些特性，一些宝石只有一二点较为突出。例如珍珠，其色泽通常很吸引人，但是其硬度很低，只有2.5～4.5。

图1-1-2 珍珠

二、宝石的分类

我国珠宝玉石首饰行业的国家标准《珠宝玉石·名称》（GB/T16552-2010）对珠宝玉石给出了明确的定义和分类（表1）。在表1宝石分类名称外，《珠宝玉石·名称》中还有一类不代表珠宝玉石具体类别的珠宝玉石或其他材料，它们被称为仿宝石，是指用于模仿某一种天然珠宝玉石的颜色、特殊光学效应等外观特征的珠宝玉石或其他材料。

表1：宝石的分类

宝石种类及定义	宝石的亚类及定义	宝石例子
天然宝石： 由自然界产出，具有美观、耐久、稀少等特性，具有工艺价值，可加工成饰品的物质	**天然宝石：** 由自然界产出，具有美观、耐久、稀少等特性，可加工成饰品的矿物的单晶体（可含双晶）	钻石、水晶等
	天然玉石： 由自然界产出的，具有美观、耐久、稀少等特性和工艺价值的矿物集合体，少数为非晶体	集合体有翡翠、软玉等，非晶体有天然玻璃、欧泊等
	天然有机宝石： 由自然界生物生成，部分或全部由有机物质组成，可用于首饰及饰品的材料，养殖珍珠也归于此类	珍珠、珊瑚等
人工宝石： 完全或者部分由人工生产或制造用作首饰及饰品的材料（单纯的金属材料除外）	**合成宝石：** 完全或部分由人工制造且自然界具有已知对应物的晶体、非晶体或集合体，其物理性质、化学成分和晶体结构与所对应的天然宝石基本相同	合成钻石、合成水晶、合成欧泊、合成翡翠等
	人造宝石： 由人工制造且自然界无已知对应物的晶体、非晶体或集合体	人造钇铝榴石等
	拼合宝石： 由两块或两块以上的材料经人工拼合而成，且给人以整体印象的珠宝玉石	拼合蓝宝石、拼合钻石、拼合合成欧泊等
	再造宝石： 通过人工手段将天然珠宝玉石的碎块或碎屑熔接或压结成具整体外观的珠宝玉石	再造琥珀、再造绿松石等

为了让初学者更容易理解，并将所学内容与学科后续内容衔接，本书按照宝石来源和结晶学特征的不同，将《珠宝玉石·名称》（GB/T16552-2010）中三大类天然宝石划分为晶体、集合体、有机宝石、非晶体四大类（表2）。

表2：本书中宝石的分类

宝石种类及定义	宝石的亚类及定义	宝石例子
天然宝石： 由自然界产出，具有美观、耐久、稀少等特性，具有工艺价值，可加工成饰品的物质	**晶体：** 具有格子构造的固体，其内部质点在空间作有规律的周期性重复排列 大部分的宝石都是单个晶体，也称单晶，少部分是两个或两个以上同种晶体按一定的对称规律形成的规则连生，也称双晶	钻石、水晶等
	集合体： 由多个同类矿物单晶或不同矿物单晶聚集在一起构成的固体，也称多晶质	翡翠、软玉等
	有机宝石： 由自然界生物生成，部分或全部由有机物质组成，可用于首饰及饰品的材料。养殖珍珠也归于此类	珍珠、珊瑚等
	非晶体： 组成物质的内部质点在空间上呈不规则排列，不具格子构造的固体物质	天然玻璃、欧泊等

课后阅读1：宝石资源分布现状

世界宝玉石矿产资源分布广泛而又相对集中。宝玉石资源遍布五大洲，但程度不一，集中分布在少数几个国家和地区，以东南亚、非洲、澳大利亚等地区和国家较多，欧洲资源则相对贫乏。全球宝玉石不乏名优品种，其中非洲中南部、澳大利亚西部和俄罗斯的西伯利亚是世界产出钻石最多的地区，斯里兰卡、缅甸、澳大利亚、巴西和哥伦比亚则是世界有色宝石的五大产出国。中国宝玉石品种较为齐全，尤以“玉石王国”著称。

一、亚洲

亚洲是世界上优质宝石的重要产地，是优质“鸽血红”红宝石的唯一产地，也是优质翡翠、青金石和优质蓝宝石的重要产地。斯里兰卡、中国、泰国、巴基斯坦的红、蓝宝石，俄罗斯的翠榴石，伊朗的绿松石，斯里兰卡的金绿宝石、变石等均在世界上占有重要地位。

1.俄罗斯

俄罗斯发现约有100多种宝石资源，其中以金刚石和黄金闻名于世，分布于乌拉尔山地区、欧洲地区、中俄罗斯高地、西伯利亚、克兹库斯坦、中亚、帕米尔及亚美尼亚、格鲁吉亚。主要有祖母绿、翡翠、海蓝宝石、绿柱石、水晶、琥珀、紫晶、托帕石、金绿宝石、萤石、查罗石 、软玉、青金石、翠榴石等。

其中主要成分为紫苏硅碱钙石的查罗石、宝石级翠榴石仅在俄罗斯产出。

2.中国

中国幅员辽阔，宝玉石资源分布广、种类多，尤其是玉石资源非常丰富，开发利用的历史悠久。目前已发现各种宝玉石资源330余种。

我国已发现的主要宝石有辽宁瓦房店的钻石，山东昌乐蓝宝石，新疆的海蓝宝石、石榴石、辉石、水晶、芙蓉石、石英猫眼等。

我国已发现各种玉石共有121种，主要品种有新疆的软玉、河南南阳的独山玉、蔷薇辉石、绿松石、孔雀石、萤石、蛇纹石玉、石英质玉石等，还有中国传统文化中用来雕刻印章的一类玉石，如内蒙巴林的鸡血石、浙江昌化的鸡血石、浙江青田的青田石、福建寿山的寿山石等。

新疆维吾尔自治区是我国宝玉石资源最丰富的地方。最近几年，在新疆天山、昆仑山和阿尔泰山中，陆续找到了红宝石、蓝宝石、钻石、紫牙乌、翠榴石、祖母绿、海蓝宝石、紫晶、水晶、烟晶、碧玺等多种宝石。

3.尼泊尔

尽管尼泊尔矿物资源有限，但却拥有众多的宝石资源。尼泊尔的红、蓝宝石主要产于北中部近中国边境地区，由两个大型矿和一系列小矿床组成，宝石具明显的颜色分带特征。

4.印度

据传印度是世界上最早发现钻石的国家，产有世界上价值最高的蓝宝石和多种有色宝石。

5.缅甸

缅甸是世界上著名的有色宝石王国，盛产优质红宝石、蓝宝石、翡翠以及其他各种宝石。缅甸的红宝石是世界上质量最好的，曾产出一颗“鸽血红”红宝石，重15.1克拉。缅甸也是世界上优质翡翠的唯一产地。

6.老挝

老挝位于柬埔寨——泰国宝石成矿带，具有多种宝石资源的远景。主要出产蓝宝石、紫晶、锆石、托帕石、绿柱石、石榴石等。

7.泰国

泰国是世界有色宝石之都，90%的红宝石和蓝宝石都产在尖竹汶和达叻省的三个矿区。第一个矿区位于尖竹汶以西，为泰国最著名的蓝宝石矿区；第二个矿区横跨尖竹汶和达叻省，包括21个红、蓝宝石矿区；第三个矿区位于达叻省，只产红宝石，红宝石颜色最好。

8.越南

越南蓝宝石产自南方平顺省、林同省、同奈省和多乐省的玄武岩分布区，产出的地质环境与东南亚和中国的碱性玄武岩中所产蓝宝石相类似。这些地方的冲积和残积矿床都是通过风化和机械作用使宝石级刚玉富集而产生的。同时也伴生有锆石、尖晶石和石榴石。

9.斯里兰卡

斯里兰卡的宝石资源丰富，品种多、分布广。斯里兰卡宝石矿床规模巨大，许多是世界级超大型矿床，其特点是原始矿源层宝石丰度高，后期内生成矿作用叠加使之再次富集，次生应力作用最终形成外生(砂)矿床。

二、欧洲

相对于其他大洲来说，欧洲的宝玉石资源要贫乏一些，名优品种种类较少，常见中低档的宝玉石原料。主要有俄罗斯乌拉尔的祖母绿、翠榴石、变石，哈萨克斯坦的翡翠，东西伯利亚的青金石等，还有紫色的查罗石玉。

三、非洲

1.刚果（金）

刚果（金），全称：刚果民主共和国，金刚石工业储量1.5亿克拉，主要以工业金刚石为主。矿床类型有冲积型和原生型两种，砂矿主要集中在开赛河流域；原生型矿床主要分布在以巴克旺为中心的姆布吉马伊地区。

2.坦桑尼亚

坦桑尼亚是世界上主要钻石生产国家之一。其矿藏主要分布在坦桑西北部东非裂谷带附近的辛扬加省，那里有数以百计的金伯利角砾岩筒，其中大部分含金刚石。

坦桑石首次于1967年在赤道雪山脚下的阿鲁沙地区被发现，坦桑尼亚是世界上坦桑石的唯一产地。坦桑尼亚是亚洲之外少数出产红宝石的国家，主要出产地区为坦桑东部的莫罗哥罗地区。

3.纳米比亚

纳米比亚是非洲第五、世界第七金刚石大国，1995年金刚石产量占世界总产量的1.3%，其金刚石储量为7000万克拉。金刚石主要分布在纳米比亚南部和南非接壤的奥兰治河流域一带以及大西洋沿岸一带，为砂矿型，分布面积广，宝石级金刚石超过90%。

4.博茨瓦纳

博茨瓦纳有丰富的金刚石资源，其工业储量和储量基础分别占世界的13%和10.5%，各种级别金刚石储量近4亿克拉。金刚石主要分布在靠近南非和津巴布韦的东部卡拉哈里地区。博茨瓦纳1996年产量1770万克拉，居世界第三位，金刚石主要来自朱瓦能、奥拉帕和莱特拉卡内三大矿山。博茨瓦纳的其他宝石还有玛瑙和玉髓。

5.莫桑比克

莫桑比克同其他非洲国家一样，在21世纪以前因出产钻石而被人所知。进入21世纪后， 德尔加杜角省的蒙特普埃兹因出产的颜色接近“鸽血红”的红宝石，瓦特因出产帕拉伊巴碧玺，使得莫桑比克再次引起国际关注。

6.马达加斯加

马达加斯加出产宝石多达50余种，是世界上著名的宝石产出国之一，有天然宝石矿的“博物馆”之称。其主要品种有电气石、绿柱石、石榴石、水晶、锆石、尖晶石、红宝石、蓝宝石、祖母绿等。宝石矿床的类型以伟晶岩及其次生的砂矿型为主，还有部分属变质和火山岩型。

7.南非

南非以富有贵金属和宝石资源（如黄金、铂金、金刚石）而著称于世。目前黄金储量仍超过5万吨，占世界总储量的一半以上。南非金刚石资源十分丰富，金刚石年产量曾超过1000万克拉，近几年也有800～1000万克拉，居世界第五位。

四、美洲

美洲的宝玉石产地主要集中在西部的科迪勒拉山系的安第斯山脉一带和东部的巴西地区。该区盛产祖母绿、海蓝宝石、托帕石、碧玺、紫晶、橄榄石、绿松石、软玉等。哥伦比亚产出世界上最好的祖母绿，其产量占全世界总产量的75%，总价值居各种有色宝石之首。美国是世界上产宝石较多的国家，圣地亚哥的喜尔拉雅矿床是世界上最大的碧玺矿床之一，科罗拉多、亚利桑那、内华达等州有世界上最大的绿松石矿，其质量仅次于伊朗优质绿松石。

加拿大西部的不列颠哥伦比亚省产出软玉，是世界上和田玉的主要供应国之一。加拿大西北地区也盛产钻石，它是世界五大钻石生产国之一。墨西哥克雷塔罗地区产出欧泊、玛瑙和紫晶。洪都拉斯西部和尼加拉瓜产出欧泊。危地马拉产出硬玉。玻利维亚拥有大型紫晶矿床。智利中部产出青金石和孔雀石。乌拉圭产出紫晶和玛瑙。委内瑞拉和圭那亚还产钻石。

巴西是世界上宝石品种最丰富的原料生产国，包括数量可观的极具经济价值的祖母绿、海蓝宝石、电气石、托帕石、变石、金绿猫眼、欧泊及紫晶、金绿柱石、玉髓等。祖母绿矿床分布在巴西东部，在20世纪70年代陆续发现几个祖母绿矿床，使巴西一跃成为世界上重要的祖母绿产出国。

五、大洋洲

大洋洲的宝玉石资源主要分布于澳大利亚。澳大利亚盛产宝石，有很多世界之最：世界产量最大的钻石生产国、世界最大的欧泊生产国、世界最大的人工养殖白色南洋珠生产国、世界最大的澳玉生产国、世界潜在最大的软玉生产国，拥有世界最著名的蓝宝石矿业中心等。

课后阅读2：宝石的内含物

内含物是宝石学中的术语，是从地质学中包裹体的概念延伸而来。这是矿物包裹体的定义。

早在19世纪初人们就开始对宝玉石矿物中的包裹体进行了研究宝石学中侧重于对包裹体的相态、形态及种属等一些定性特征，因而传统宝石内含物的研究方法主要是依靠肉眼或10倍放大镜及宝石显微镜来进行的。当宝玉石中内含物极小，宝石显微镜也无法对其观察时，或需要对内含物的成分和种类有所了解时，就必须使用一些现代测试技术分析。

由于自然界各种地质因素错综复杂，宝石内含物类型的划分只能侧重于某一方面或某些方面，可以从内含物的成分、相态、成因、形态及其他特征来进行分类，在宝石学中内含物有意义的类型划分主要从相态和内含物的形成时间与宝玉石的先后关系两个方面着手。宝石学大师（E・J・Gübeliun）按照内含物形成时间的先后，将内含物分为原生内含物、同生内含物和次生内含物。传统地质学中按照包裹体的相态，将包裹体分为固相、液相、气相、气液两相、气液固三相这五类。

但是在实际宝石材料鉴定及天然属性确认过程中，宝石内含物可更简单、粗略地分为两类：一类是物质性内含物，一类是非物质性内含物。

一、物质性内含物

指不同相态或相态组合的内含物，也是传统地质学中按照相态分类的物质性内含物，例如固相（图1-1-3）、液相（图1-1-4）、气相（图1-1-5）、气液两相（图1-1-6）、气液固三相等。其中气相内含物常见形式为负晶。还包括琥珀中的昆虫等有机物。

二、非物质性内含物

与宝石的晶体结构有关的内含物。如：生长纹、色带（图1-1-7、图1-1-8）、双晶纹、解理、裂理、裂隙（图1-1-9、图1-1-10），甚至光学效应或假象等。

随着科技的发展，越来越多的人工宝玉石与天然宝玉石之间的外观差别越来越小，内含物在宝石学上的意义也越来越重要，宝玉石中所含内含物的种类、成分、组合及其特征，可反映宝玉石形成时的物源、热力学条件、特定的人工环境或地质环境，对宝石内含物的研究有助于鉴定宝玉石天然性，评价宝玉石的质量，了解其性质，判别其产地和推断其成因。

图1-1-3 水晶的水晶包裹体

图1-1-4 助熔剂法合成祖母绿内部流体包裹体（40X，暗域照明法）

图1-1-5 气相包裹体（钻石内的钻石负晶，暗域照明法，40X）

图1-1-6 气液两相包裹体（托帕石，暗域照明法，40X）

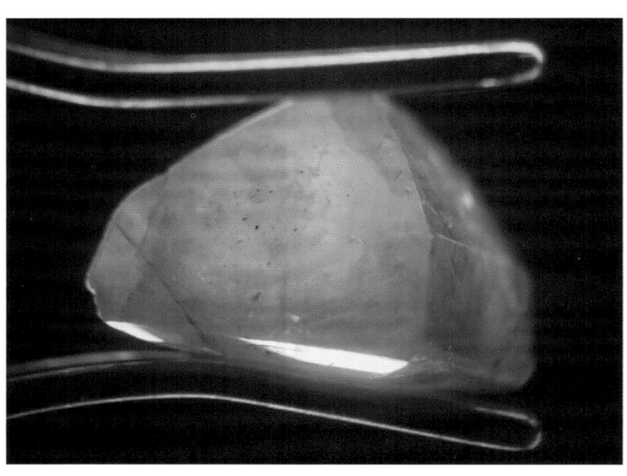
图1-1-7 祖母绿六边形色带

图1-1-8 蓝宝石角状色带

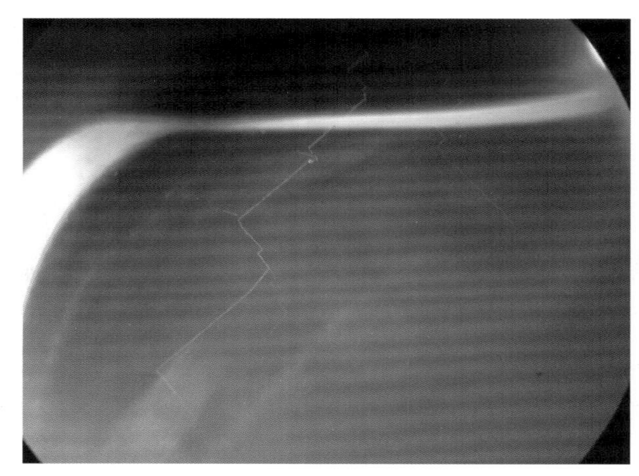
图1-1-9 萤石内部线状解理

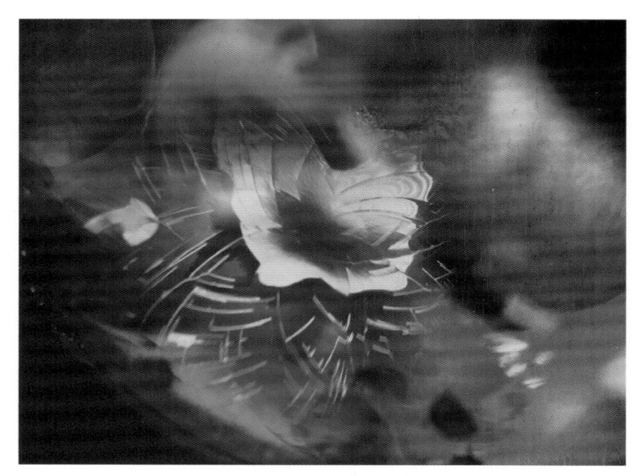
图1-1-10 琥珀内部裂隙

第二节 宝石的定名规则

为了更加科学准确地描述宝石品种，规范宝石市场，国家制定了《珠宝玉石・名称》（GB/T16552-2010）。作为鉴定人员，他们需要观察宝石数据和现象，参考《珠宝玉石・鉴定》（GB/T16553-2010）中的参数分析数据、现象，结合《珠宝玉石・名称》（GB/T16552-2010）对宝石规范定名，出具具有法律效力的鉴定证书。对于消费者而言，由于缺乏系统的宝石观察训练和数据分析训练，能确认宝石材料的种类及天然性的唯一有效凭据就是宝石鉴定证书，因此他们需要判断宝石鉴定证书的合法性，了解宝石鉴定证书上宝石定名的含义。国内影响力较大的检测鉴定机构有国家珠宝玉石质量监督检验中心（National Gemstone Testing Center，缩写为NGTC）等，这些鉴定检测机构出具证书给宝石定名的时候，必须依据中国国家标准GB/T 16552-2010《珠宝玉石・名称》（图1-2-1）。

一、宝石的定名

1.天然宝石

直接使用天然宝石基本名称或其矿物名称，无需加“天然”二字。

①产地不参与定名，如：“南非钻石”、“缅甸蓝宝石”等。

②禁止使用由两种或两种以上天然宝石组合名称定名某一种宝石，如：“红宝石尖晶石”、“变石蓝宝石”等，“变石猫眼”除外。

③禁止使用含混不清的商业名称，如：“蓝晶”、“绿宝石”、“半宝石”等。

2.天然玉石

直接使用天然玉石基本名称或其矿物(岩石)名称，在天然矿物或岩石名称后可附加“玉”字，无需加“天然”二字，“天然玻璃”除外。

①不用雕琢形状定名天然玉石。

②不能单独使用“玉”或“玉石”直接代替具体的天然玉石名称。

③带有地名的天然玉石基本名称，不具有产地含义。

3.人工宝石定名

人造宝石是在组成材料名称前加“人造”二字。如：“人造钇铝榴石”等。

合成宝石是在组成材料名称前加“合成”二字。如：“合成钻石”等。

再造宝石是在所组成天然珠宝玉石基本名称前加“再造”二字。如：“再造琥珀”、“再造绿松石”等。

拼合宝石是在组成材料名称之后加“拼合石”三字或在其前加“拼合”二字。

①可逐层写出组成材料名称，如：“蓝宝石、合成蓝宝石拼合石”。

②可只写出主要材料名称，如：“蓝宝石拼合石”或“拼合蓝宝石”。

4.仿宝石

①在所模仿的天然珠宝玉石基本名称前加“仿”字。

②确定具体仿珠宝玉石名称时应遵循本标准规定的所有定名规则。

③应尽量确定具体珠宝玉石名称，且采用下列表示方式，如：“玻璃”或“仿水晶（玻璃）”等。

④“仿宝石”一词不应单独作为珠宝玉石名称。

⑤使用“仿某种珠宝玉石”表示珠宝玉石名称时，意味着该珠宝玉石：不是所仿的珠宝玉石（如：“仿钻石”不是钻石），所用的材料有多种可能性（如：“仿钻石”可能是玻璃、合成立方氧化锆或水晶等）。

5.具有特殊光学效应宝石的定名

①具猫眼效应的珠宝玉石，在珠宝玉石基本名称后加“猫眼”二字。只有“金绿宝石猫眼”可直接称为“猫眼”。

②具星光效应的珠宝玉石，在珠宝玉石基本名称前加“星光”二字。具有星光效应的合成宝石，在所对应天然珠宝玉石基本名称前加“合成星光”四字。

③具变色效应的珠宝玉石，在珠宝玉石基本名称前加“变色”二字，具有变色效应的合成宝石，在所对应天然珠宝玉石基本名称前加“合成变色”四字。

④除星光效应、猫眼效应和变色效应外，其他特殊光学效应不参与定名，可在相关质量文件中附注说明。注：砂金效应、晕彩效应、变彩效应等均属于其他特殊光学效应。

6.优化处理宝石的定名

优化的宝石直接使用珠宝玉石名称，可在相关质量文件中附注说明具体优化方法。

处理的宝石有四个注意事项：

①在珠宝玉石基本名称处注明：

•名称前加具体处理方法，如：扩散蓝宝石，漂白、充填翡翠。

•名称后加括号注明处理方法，如：蓝宝石（扩散）、翡翠（漂白、充填）。

•名称后加括号注明“处理”二字，可在相关质量文件中附注说明具体处理方法，如：蓝宝石（处理）、翡翠（处理）。

②不能确定是否经过处理的珠宝玉石，在名称中可不予表示。但应在相关质量文件中附注说明“可能经××处理”或“未能确定是否经××处理”。

③经多种方法处理的珠宝玉石按以上A或B进行定名。如：钻石的颜色经辐照和高温高压处理，定名为“钻石（处理）”，附注说明“辐照处理、高温高压处理”或“钻石颜色经人工处理”。

④经处理的人工宝石可直接使用人工宝石基本名称定名。

二、珠宝玉石饰品的定名

珠宝玉石饰品按珠宝玉石名称+饰品名称定名。珠宝玉石名称按本标准中各类相对应的定名规则进行定名，饰品名称依据QB/T1689的规定进行定名。如：

非镶嵌珠宝玉石饰品，可直接以珠宝玉石名称定名，或按照珠宝玉石名称+饰品名称定名，如：“翡翠”或“翡翠手镯”。

由多种珠宝玉石组成的饰品，可以逐一命名各种材料，如：“碧玺、石榴石、水晶手链”。

以其主要的珠宝玉石名称来定名，在其后加“等”字，但应在相关质量文件中附注说明其他珠宝玉石名称。如：“碧玺等手链”或“碧玺、石榴石等手链”需附注说明“碧玺、石榴石、水晶”。

其他金属材料镶嵌的珠宝玉石饰品，可按照金属材料名称+珠宝玉石名称+饰品名称进行定名。

GB
中华人民共和国国家标准
GB/T 16552—2010
珠宝玉石　名称
Gems—Nomenclature
2010-09-26 发布　　2011-02-01 实施
中华人民共和国国家质量监督检验检疫总局
中国国家标准化管理委员会　发布

图1-2-1《珠宝玉石·名称》（GB/T 16552-2010）封面

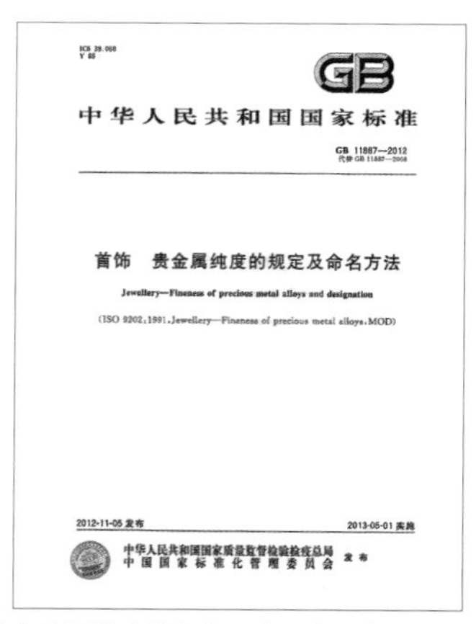
GB
中华人民共和国国家标准
GB 11887—2012
首饰　贵金属纯度的规定及命名方法
Jewellery—Fineness of precious metal alloys and designation
(ISO 9202:1991,Jewellery—Fineness of precious metal alloys,MOD)
2012-11-05 发布　　2013-05-01 实施
中华人民共和国国家质量监督检验检疫总局
中国国家标准化管理委员会　发布

图1-2-2《首饰贵金属纯度的规定及命名方法》（GB11887-2012）封面

课后阅读1：贵金属的印记

中国国家标准GB11887-2012《首饰贵金属纯度的规定及命名方法》（图1-2-2）中对于贵金属印记的规定如下。

一、贵金属首饰命名规则

贵金属首饰命名内容只能包括纯度、材料、宝石名称和首饰品种。命名名称的前、后不得再有其他内容。

示例1：18K金红宝石戒指

示例2：Pt900钻石戒指

二、首饰产品标志（首饰产品标志包括印记和标签）

1.印记的内容

印记内容应包括：厂家代号、材料、纯度以及镶钻首饰主钻石（0.10克拉以上）的质量。例如，北京花丝镶嵌厂生产的18K金镶嵌0.45克拉钻石的首饰印记为：京A18K金0.45ctD。

2.纯度印记的表示方法

主体按表3的规定打印记，配件按“三”的规定打印记。

①金首饰：纯度千分数(K数)和金、Au或G的组合。例如：金750(18K金)，Au750(Au18K)，G750(G18K)。

②铂首饰：纯度千分数和铂（铂金，白金）或Pt的组合。例如：铂（铂金，白金）900，Pt900。

③钯首饰：纯度千分数和钯(钯金)或Pd的组合。例如：钯（钯金）950，Pd950。

④银首饰：纯度千分数和银、Ag或S的组合。例如：银925，Ag925，S925。

⑤当采用不同材质或不同纯度的贵金属制作首饰时，材料和纯度应分别表示。

⑥当首饰因过细过小等原因不能打印记时，应附有包含印记内容的标志。

3.标签产品内容

标签产品标签中应标明中文，例如：铂950或铂Pt950。

三、贵金属及其合金的纯度范围（贵金属首饰纯度的规定）

纯度以最低值表示，不得有负公差。贵金属及其合金的纯度范围见表1。

四、首饰配件材料的纯度规定

首饰配件材料的纯度应与主体一致。因强度和弹性的需要，配件材料应符合以下规定：

①金含量不低于916‰(22K)的金首饰，其配件的金含量不得低于900‰。

②铂含量不低于950‰的铂首饰，其配件的铂含量不得低于900‰。

③钯含量不低于950‰的钯首饰，其配件的钯含量不得低于900‰。

④足银、千足银首饰，其配件的银含量不得低于925‰。

五、贵金属及其合金首饰中所含元素不得对人体健康有害

1.首饰中铅、汞、镉、六价铬、砷等有害元素的含量都必须小于1‰

2.含镍首饰(包括非贵金属首饰)应符合以下规定

①用于耳朵或人体的任何其他部位穿孔，在穿孔伤口愈合过程中摘除或保留的制品，其镍释放量必须小于0.2微克／（平方cm·星期）。

②与人体皮肤长期接触的制品如：耳环，项链、手镯、手链、脚链、戒指，手表表壳、表链、表扣，按扣、搭扣、铆钉、拉链和金属标牌(如果不是钉在衣服上)。

③这些制品与皮肤长期接触部分的镍释放量必须小于0.5微克／（平方cm·星期）。

④上述所指定的制品如表面有镀层，其镀层必须保证与皮肤长期接触部分在正常使用的两年内，镍释放量小于0.5微克／（平方cm·星期）。

⑤未达到要求的制品不得进入市场。

表1：贵金属及其合金的纯度范围

贵金属及其合金	纯度千分数最小值‰	纯度的其他表示方法
金及其合金	375 585 750 916 990	9K 14K 18K 22K 足金
铂及其合金	850 900 950 990	— — — 足铂，足铂金，足白金
钯及其合金	550 950 990	— — 足钯，足钯金
银及其合金	800 925 990	— — 足银

注1：24K的理论值为1000‰

注2：“足（金、铂、钯、银）”是本标准规定的首饰产品的最高纯度，是指其贵金属含量不低于990‰

课后阅读2：宝石的证书

一、宝石鉴定证书的认证

截止到2014年，国内具备珠宝鉴定检测资质的珠宝鉴定机构有三十多家，这些机构出具的鉴定证书或报告按照国家要求都必须获得CMA认证，同时这些机构可以根据自身需要选择CAL、CNAS认证。

1. CMA认证

CMA是China Metrology Accredidation（中国计量认证/认可）的缩写（图1-2-3），是国家对检测机构的法制性强制考核，是政府权威部门对检测机构进行规定类型检测所给予的正式承认（图1-2-4）。计量认证的依据是《中华人民共和国计量法》。

2. CAL认证

CAL是China Accredited Laboratory（中国考核合格检验实验室）的缩写（图1-2-5），是国家实施的一项针对承担监督检验、仲裁检验任务的各级质量技术监督部门所属的质检所机构和授权的国家、省级质检中心（站）的一项行政审批制度，审查认可的依据是《标准化法》、《标准化法实施条例》、《产品质量法》等法律法规。

根据国家质检总局和国家认监委发布的《实验室资质认定评审准则》，自2007年以后，计量认证和审查认可统一为实验室资质认定（图1-2-6），通过资质认定的实验室方可在其出具的检验报告上使用计量认证和审查认可标志。有CAL和CMA标志的检验报告可用于产品质量评价、成果及司法鉴定，具有法律效力。CMA/CAL认证分国家认监委和省级质监部门两级实施，国家认监委实施评审认定的认证编号有“国”字样，省级质监部门实施评审认定的认证编号有该省、直辖市、自治区的简称。

3. CNAS认证

CNAS 是China National Accreditation Service for Conformity Assessment（中国合格评定国家认可委员会）的缩写（图1-2-7）。它是根据《中华人民共和国认证认可条例》的规定，由国家认证认可监督管理委员会批准设立并授权的国家认可机构，统一负责对认证机构、实验室和检查机构等相关机构的认可工作。对获得认可的合格评定机构进行认可监督管理，并准许使用认可委员会徽标和认可标志。

4. ilac-MRA认证

“ilac”是国际实验室认可使用组织（International Laboratory Accreditation Cooperation）的缩写，“MRA” 是多边互认协议（Mutual Recognition Arrangement）的缩写（图1-2-8）。

二、宝石鉴定证书解析——以国家珠宝玉石质量监督检验中心钻石镶嵌分级鉴定证书为例

在我国，权威机构国家珠宝玉石质量监督检验中心（NGTC）一共对钻石及钻石镶嵌产品出具了四种鉴定证书，分别是“镶嵌钻石分级鉴定证书”、“珠宝玉石鉴定证书”、“钻石分级证书”、“钻石分级报告”。

“钻石镶嵌分级鉴定证书”是镶嵌钻石类产品中较为常见的证书（图1-2-9），主要包括：

证书编号：该饰品的鉴定证书编号，以备消费者可以上网查询证书的真假

检验结论：描述钻石饰品的种类。若是天然钻石，则在检验结论中会标明为“钻石”；若是合成或者处理的钻石，则在检验结论中会标明“合成”或者“处理”。

总质量：描述钻石饰品的总重量。由于钻石镶嵌产品中钻石已经嵌入金属中，所以无法准确测量钻石的重量，证书会标明的是饰品的总重量

形状：描述钻石的形状。

颜色：根据国家标准描述钻石的颜色等级。

净度：根据国家标准描述钻石的净度等级。

台宽比：描述钻石的切工中的台面与直径的比例。

亭深比：描述钻石的切工中的亭部深度与直径的比例。

贵金属检测：描述钻石饰品所用的金属材料。

备注：对报告中没有提到的钻石其他特性的描述，经过处理的宝石标明具体处理方法等。

为了保证证书的权威、公正以及真实性，国家珠宝玉石质量监督检验中心除了在证书上印有荧光防伪标志以外，还有两个编号以供消费者可以上网验明证书的真伪。消费者可以登录国家珠宝玉石质量监督检验中心的官方网站（www.ngtc.com.cn）或者登录中国珠宝行业网（www.chinajeweler.com），查询证书的真伪。

图1-2-3 CMA标志

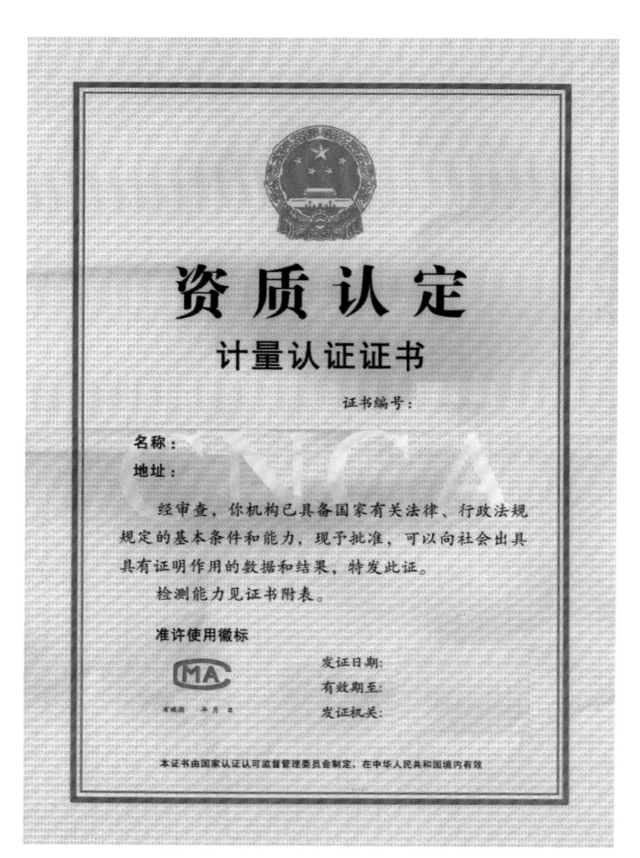
资质认定

计量认证证书

证书编号：

名称：

地址：

经审查，你机构已具备国家有关法律、行政法规规定的基本条件和能力，现予批准，可以向社会出具具有证明作用的数据和结果，特发此证。

检测能力见证书附表。

准许使用徽标

发证日期：

有效期至：

发证机关：

本证书由国家认证认可监督管理委员会制定，在中华人民共和国境内有效

图1-2-4 CMA的资质认定计量认证证书

图1-2-5 CAL标志

资质认定

授权证书

证书编号：

名称：

地址：

经审查，你机构已具备国家有关法律、行政法规规定的基本条件和能力，现予批准，可以向社会出具具有证明作用的数据和结果，特发此证。

检测能力见证书附表。

准许使用徽标

发证日期：

有效期至：

发证机关：

本证书由国家认证认可监督管理委员会制定，在中华人民共和国境内有效

图1-2-6 CAL资质认定授权证书

图1-2-7 CNAS标志

图1-2-8 ilac－MRA标志

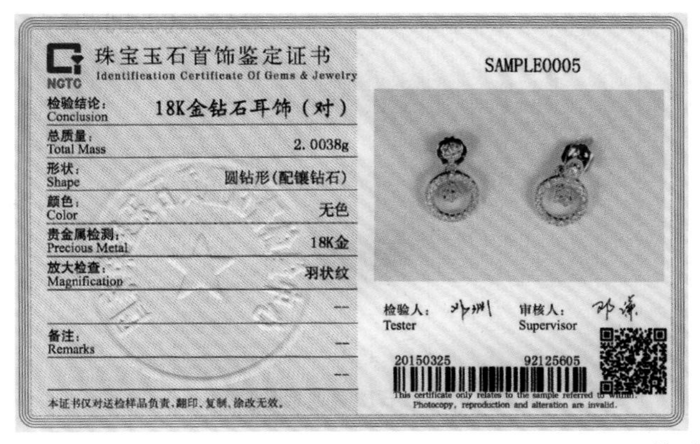

珠宝玉石首饰鉴定证书

NGTC Identification Certificate Of Gems & Jewelry

SAMPLE0005

检验结论：Conclusion	18K金钻石耳饰（对）
总质量：Total Mass	2.0038g
形状：Shape	圆钻形(配镶钻石)
颜色：Color	无色
贵金属检测：Precious Metal	18K金
放大检查：Magnification	羽状纹
	—
备注：Remarks	—
	—

检验人：Tester 审核人：Supervisor

20150325 92125605

This certificate only relates to the sample referred to within. Photocopy, reproduction and alteration are invalid.

本证书仅对送检样品负责，翻印、复制、涂改无效。

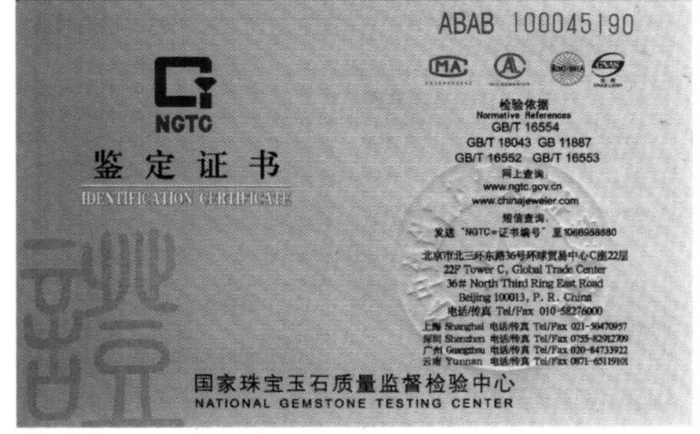

ABAB 100045190

NGTC

鉴定证书

IDENTIFICATION CERTIFICATE

检验依据 Normative References

GB/T 16554

GB/T 18043 GB 11887

GB/T 16552 GB/T 16553

网上查询

www.ngtc.gov.cn

www.chinajeweler.com

北京市北三环东路36号环球贸易中心C座22层

22F Tower C, Global Trade Center

36# North Third Ring East Road

Beijing 100013, P. R. China

电话/传真 Tel/Fax 010-58276000

国家珠宝玉石质量监督检验中心

NATIONAL GEMSTONE TESTING CENTER

图1-2-9 NGTC—钻石镶嵌分级鉴定证书样本

第二章

与晶体相关的宝石学基础知识

地球是由无数的分子和原子组成的，近代科学研究发现，自然界的固体材料都是由不同的化学元素组合而成，X射线分析结果显示组成某些固体材料元素中的原子整齐有规则地排列在一起，这些材料被归类为是晶质的或者称之为晶体，它们有序的原子格架被称为晶体结构（图2-1-1）。

大部分自然界和实验室中生长的宝石材料是晶质的，本章将讨论晶体的概念、分类和晶体与宝石学中基础名词的关系。

第一节 晶体的概念和描述

一提到宝石，我们会联想到它们晶莹剔透（图2-1-2）的特性。从地质学家和宝石学家的角度而言，绝大部分让人爱不释手的宝石都属于一种几何形态的固体——晶体。晶体之美的本质实际上是几何之美。

一、晶体的概念

提到晶体，最容易让人联想，同时自然界也最容易发现的就是水晶，水晶在整个地球的七大洲均有分布，在自然界中发现的时候，常呈现几何多面体形态（图2-1-3），通常称之为晶体。后来这一个名词进一步延伸为自然界发现的天然具有几何多面体形态的固体，例如钻石的晶体、海蓝宝石的晶体（图2-1-4）等。晶体也可以用来描述表面不平整、不规则、磨损、破裂或经过人为加工但内部原子仍然规则排列的固体材料。

结晶学家们认为凡是晶体都具有自限性、均一性、异向性、对称性、稳定性、定熔性6种基本特性。

①自限性是指化学元素自发形成几何多面体外形的性质。这个性质可以用来解释为什么元素不同的晶体几何外形不同。

②均一性是指晶体各个部分的物理化学性质相同的性质。这个性质可以用来帮助我们区分鉴定不同的矿物晶体。

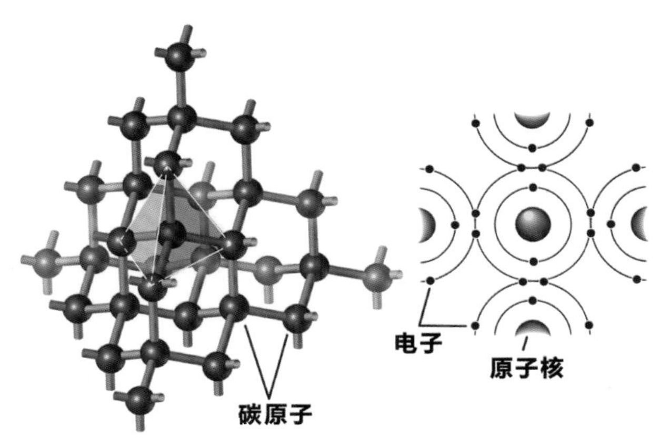

图2-1-1 钻石与其晶体结构（钻石组成成分碳的规则排列）

③异向性是指不同方向元素排列距离不同导致物理性质随方向存在略微差异的性质。这个性质可以用来解释硬度最高的钻石为什么能够被切磨。

④对称性是指晶体中相同的部分或性质有规律重复的性质。这个性质是晶体极其重要和特殊的性质，将会在本章第二节展开。

⑤稳定性是指晶体的稳定是因为其最小内能的结果。如果晶体内能大且不均匀，晶体容易自己裂开。这个性质可以用来解释焰熔法合成红宝石晶体为什么看起来总是半个而不是完整的。

⑥定熔性是指晶体是具有固定熔点的。

二、晶体的理想形态

结晶学中讨论的晶体主要是理想单晶体。所谓理想单晶体是指内部结构严格服从空间格子规律，外形为规则几何多面体。理想单晶体形态分为单形和聚形两种。

1.单形

单形是指由对称要素联系起来的一组晶面的组合，可以理解为理想状态下由同种形状和大小的晶面所组成的几何体（图2-1-5），晶体中的单形有47种 。

单形的辨识要点是：晶体中所有晶面同形等大，且晶面可以方向不同。

图2-1-2 宝石

图2-1-3 石榴石（左边为晶体，右边为琢磨后石榴石）

图2-1-4 海蓝宝石晶体

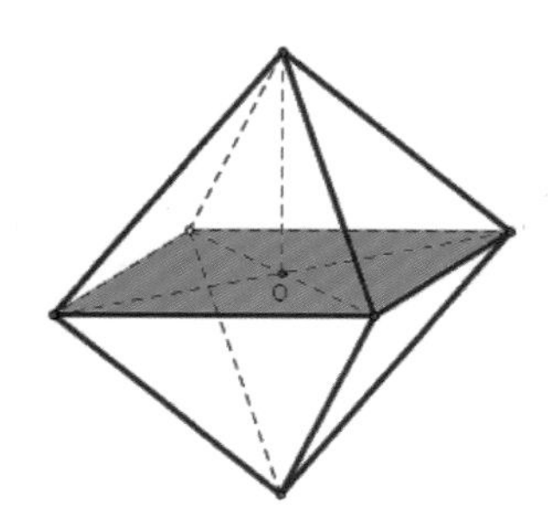

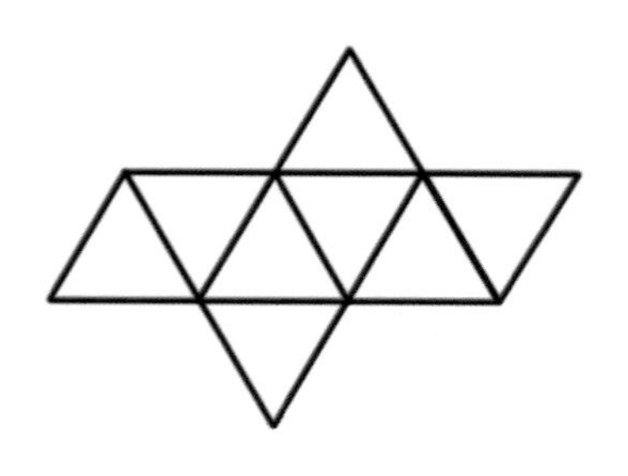

图2-1-5 八面体单形晶体（钻石）与其立体素描图和八面体单形平面展示图

2.聚形

单形的聚合称为聚形，即聚形是由两个或两个以上不同单形组成的。并不是任意单形都能随意组合为聚形，只有对称型相同的单形才能够聚合（图2－1-6 ~ 图2-1-8）。

聚形的辨识要点是晶体中存在两种或两种以上形状不同的晶面。

实际上，在自然界发现单晶体时，它总是和理想形态单晶体外形有明显差距（图2－1-9），例如单一晶面不一定同形等大、晶面的消失等，将这种现象描述为歪晶。

歪晶也可以表述为自然界产出的实际晶体，受到生长环境的影响，理想晶体中固定角度重复的多个晶面生长得不一定同形等大，但是对于同种晶体而言，同一单形的晶面必有相同的花纹和物理性质，且对应晶面的夹角不变，反映出晶体自身固有的对称性。实际发现的晶体在不同程度上都是歪晶。

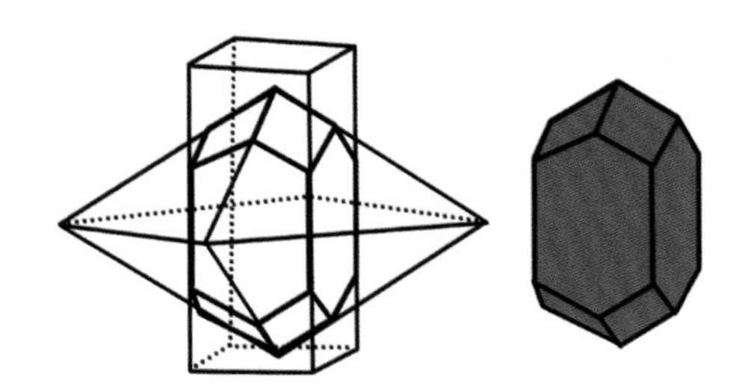

图2－1-6 四方柱和四方双锥的聚形

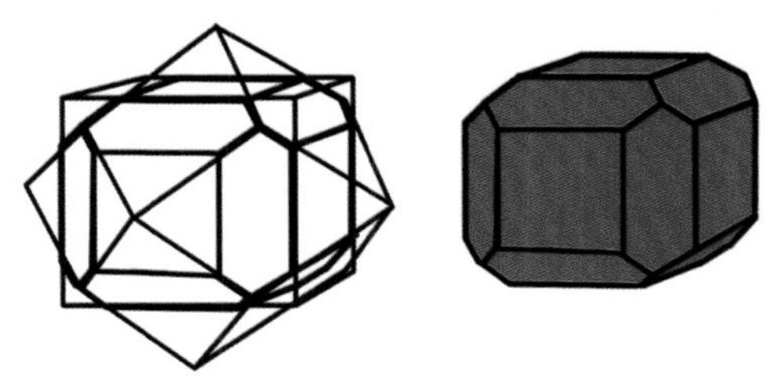

图2-1-7 立方体和菱形十二面体的聚形

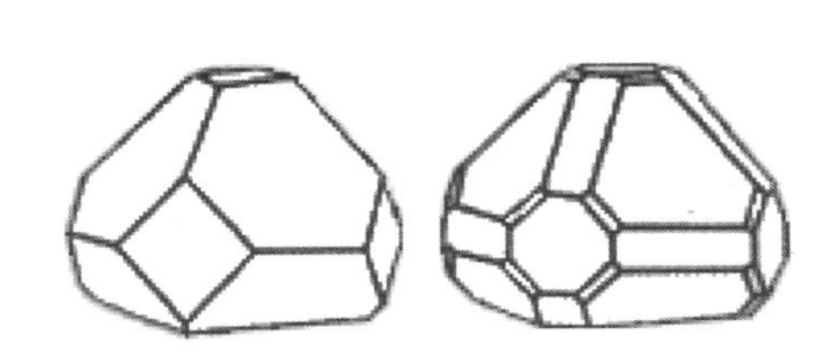

图2－1-8 聚形（合成钻石）（上）与其素描图（下）

图2－1-9 理想形态的八面体尖晶石（上）和尖晶石歪晶（下）

三、晶体的结晶习性

自然界中形成的晶体不可能达到完美的形状。如果在岩层的缝隙中生长，四周都被岩层包裹，晶体的天然形状就会被扭曲。即使是在实验室中培养出来的晶体，也会因为重力影响而扭曲变形。只有在国际空间站零重力条件下才能培育出科学家们所追求的完美外形晶体。

尽管晶体的形状不完美，但是每一种矿物晶体都通过不同的方式或习性趋向生长或聚在一起生长。

每种矿物都趋向于在特定的条件下形成，其习性反映出了矿物的形成条件，有些矿物，比如石英其形成条件复杂多变，因此石英也具备了多种习性。

总体来说，结晶习性是指某一种晶体在一定的外界条件下总是趋向于形成某一种形态的特性。有时也具体指该晶体常见的单形的种类。

根据晶体在空间上三维空间的发育程度不同，结晶习性分为三种基本类型。

1. 一向延伸

晶体沿一个方向延伸，呈柱状、针状、纤维状等，如绿柱石、碧玺、角闪石、孔雀石等矿物常具此习性（图2－1-10、图2-1-11）。

2. 二向延展

晶体沿平面延展，呈板状、片状、鳞片状等，如黑钨矿、云母、石墨、坦桑石等常具此习性（图2-1-12）。

3. 三向等长

晶体在三个方向上均匀发育，呈等轴状、粒状等，如尖晶石、石榴石、钻石、黄铁矿、萤石等常具此习性（图2-1-13、图2-1-14）。

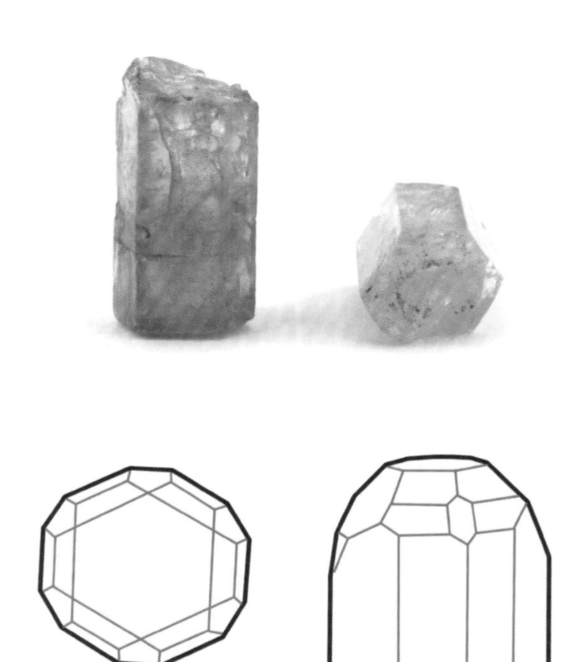

图2－1-10 柱状的海蓝宝石（上）与其结晶习性简图（下）

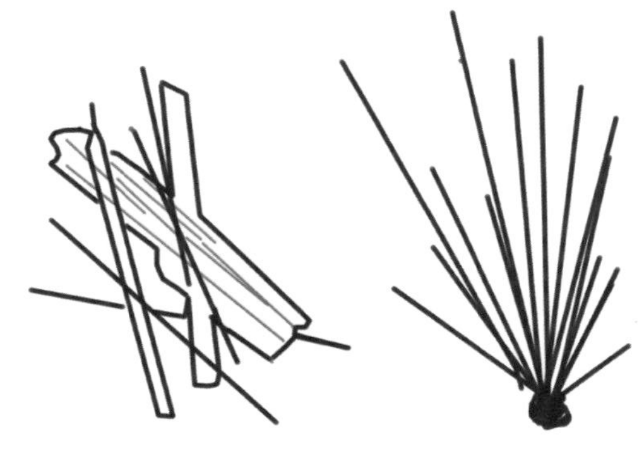

图2－1-11 纤维状孔雀石（上）与其结晶习性简图（下）

此外，还存在短柱状、板柱状、板条状和厚板状等过渡类型。

结晶习性主要决定于晶体的化学成分和晶体结构，同时与晶体形成时的外界条件（如温度、压力、浓度、黏度及杂质等）也密切相关，如钻石与合成钻石晶体形状的差异。

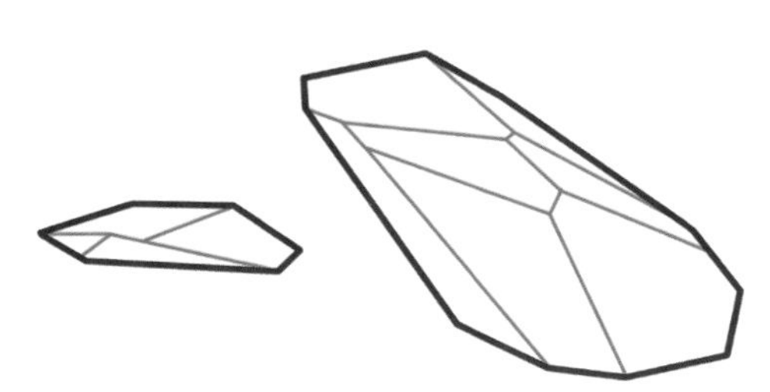

图2－1-12 板状结晶习性的坦桑石（上）与其结晶习性简图（下）

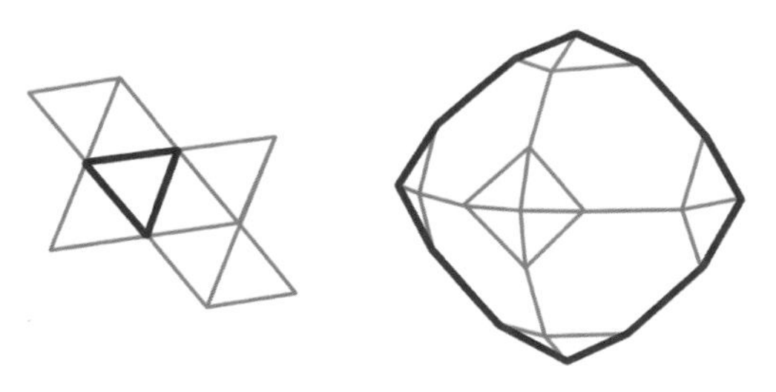

图2－1-13 八面体结晶习性宝石尖晶石（上）与其结晶习性简图（下）

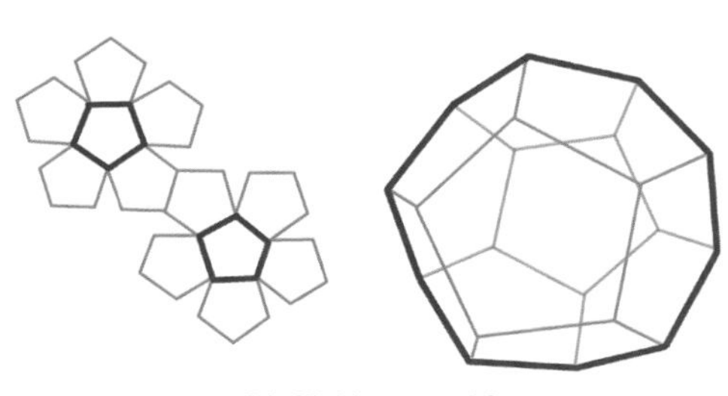

图2-1-14 粒状结晶习性石榴石（左）与其结晶习性简图（右）

四、晶体的规则连生

自然界中我们会发现单个的晶体（图2-1-15），也会发现两个或两个以上单晶连接生长在一起形成整体的现象，这种多个晶体长在一起的现象称为晶体连生。晶体连生有不规则和规则两类情况。晶体的不规则连生在某种程度上可以理解为集合体，这部分内容将在第三章展开。晶体的规则连生中常见平行连生、双晶、浮生、交生四种类型（图2-1-16～图2-1-18）。本节主要讨论的是晶体规则连生类型中的双晶。

双晶是两个以上的同种晶体按照一定的对称规律（双晶轴、双晶面）形成的规则连生，相邻两个个体的相应的面、棱、角并非完全平行，但它们可以借助旋转、反伸的对称操作反映，使两个个体彼此重合或平行。

1. 双晶的辨识要点

①双晶中可见凹角（图2-1-19）。

②缝合线：缝合线两边晶面表面微形貌等特征不连续（图2-1-20）。

图2-1-15 单晶体（碧玺）

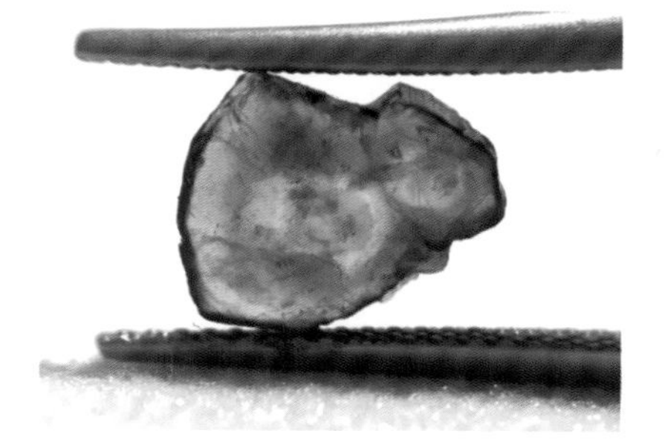

图2-1-16 平行连生(当多个同种晶体在空间上彼此平行地连生在一起，称之为平行连生，这个时候连生的晶体每个对应的晶面和晶棱都相互平行)

图2-1-17 双晶（尖晶石）

图2-1-18 浮生(一种晶体以一定的结晶学方向浮生在另外一个晶体的表面，也称外延生长)

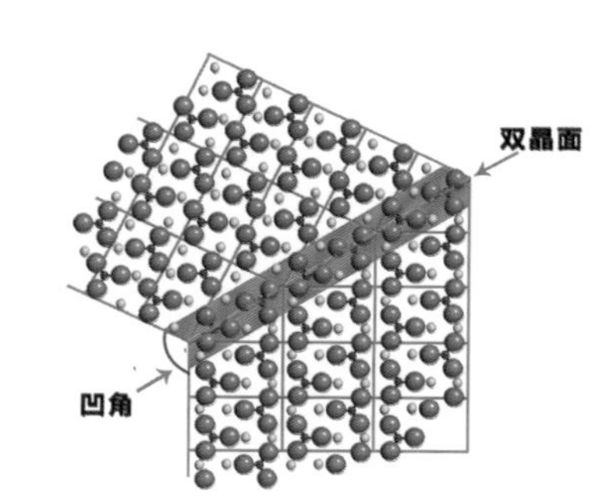

图2-1-19 双晶的凹角

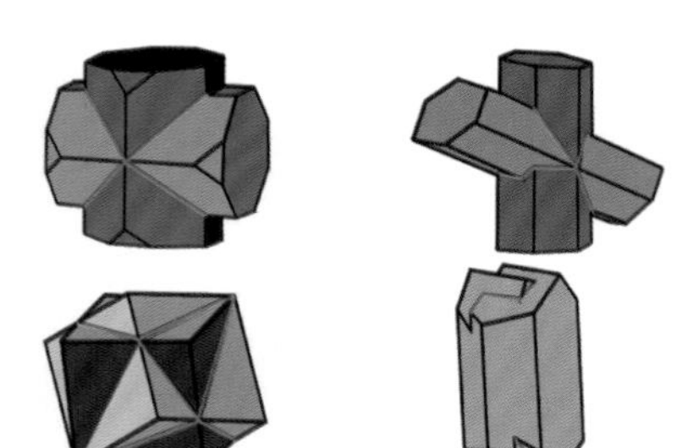

图2-1-20 缝合线（图中不同颜色代表不同晶体，红色线条表示双晶缝合线）

③双晶纹：晶面或者解理面显示细密双晶纹（图2-1-21）。

④蚀像：蚀像的出现显示双晶的存在（图2-1-22）。

⑤假对称的出现：出现与该晶体单晶固有对称型不一致的对称关系（图2-1-23、图2-1-24）。

双晶根据其堆成特点分为接触双晶（图2-1-25、图2-1-26）、聚片双晶（图2-1-27）、穿插双晶（图2-1-28）、三连晶（图2-1-29）、复杂双晶五个类型，其中前四类常见。

2. 双晶的成因

①在晶体生长过程中形成，可由双晶晶芽发育或小晶体按双晶的位置连生而成。

②在同质多象转变过程中形成，如α石英转变为β石英时形成双晶。

③由机械作用形成，晶体的一部分沿着一定方向的面网滑动形成机械双晶，如方解石的双晶。

图2-1-21 聚片双晶纹简图

图2-1-22 尖晶石表面倒三角形凹坑蚀像

图2-1-23 金绿宝石单晶体

图2-1-24 金绿宝石膝状双晶

图2-1-25 水晶的接触双晶（左）及其简图（右）（红色箭头所指的是单个水晶晶体所在的位置）

图2－1-26 尖晶石的接触双晶（上）及其简图（下）

图2－1-27 拉长石的聚片双晶（上）及其简图（下）

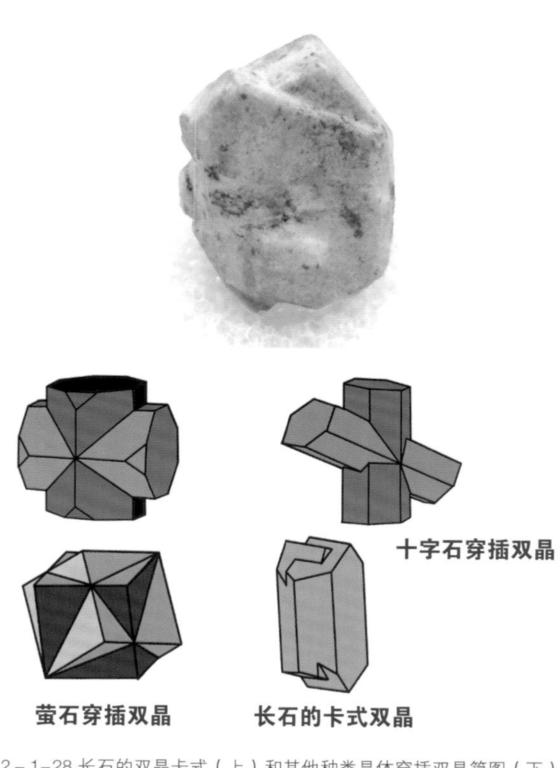

图2－1-28 长石的双晶卡式（上）和其他种类晶体穿插双晶简图（下）

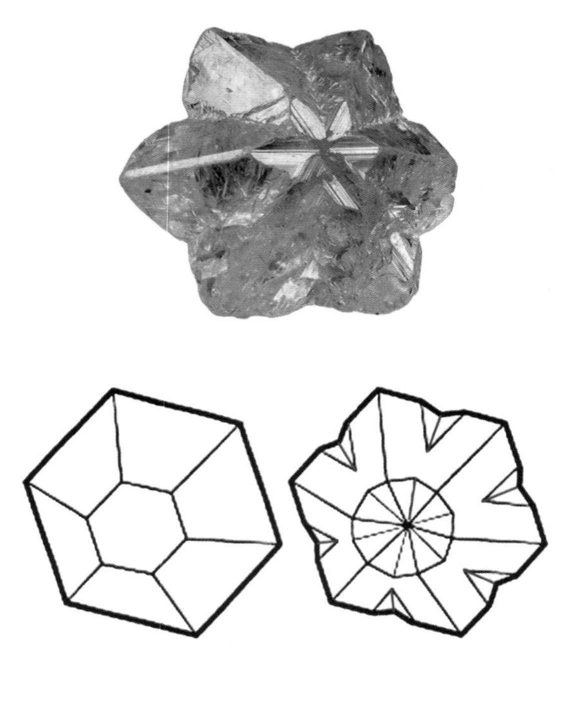

图2－1-29 金绿宝石的三连晶（上）及其简图（下）

五、晶面花纹

实际在自然界发现晶体的时候，它们通常具有不完整的外形（图2-1-30），表面特殊的花纹，有时候它们多个长在一起（图2-1-31），这些往往和我们熟悉的立方体、六棱柱等标准几何多面体有明显差距，这种现象叫作晶体的实际形态。晶体的实际形态在结晶学中有着很详细的分类，例如歪晶、凸晶、弯晶、浮晶、晶面条纹、蚀像、双晶纹等。

本节主要讨论晶体实际形态中的晶面花纹。

理论上，晶体平面是光滑平整的，但是在实际晶体生长或溶蚀的过程中，晶体表面常常会留下微有凹凸的规则纹路，通常称为晶面花纹。晶面花纹包括晶面条纹、生长层、螺旋纹、生长丘和蚀像，本书里涉及的晶面花纹主要指肉眼或者低倍放大条件下能够观察到的晶面条纹和蚀像。

晶面条纹是指由于不同单形的细窄晶面反复相聚、交替生长而在晶面上出现的一系列直线状平行条纹，也称聚形条纹，只见于晶面上，故又称为生长条纹。例如石英晶体的六方柱晶面上常见有六方柱与菱面体的细窄晶面交替发育而成的聚形横纹（图2-1-32）。

蚀像是指晶体形成后，晶面因受溶蚀而留下的一定形状的凹坑(即蚀坑)。蚀像受晶面内元素质点的排列方式控制，因而，不同矿物的晶体以及同一晶体不同单形的晶面上，其蚀像的形状和取向各不相同。如钻石晶体不同单形晶面上的蚀像不同，八面体晶体上可见倒三角形凹坑（图2-1-33），立方体晶面上可见四边形凹坑，四边形凹坑重叠则形成网格状花纹，菱形十二面体上可见线理或显微圆盘状花纹（图2-1-34）。

只有同一晶体上同一单形的晶面上的蚀像才相同，故常可利用蚀像来鉴定矿物、判识晶面是否属于同一单形（图2-1-35～图2-1-42）。

图2-1-30 红宝石晶体

图2-1-31 黄铁矿晶体（左边为多个黄铁矿晶体长在一起，右边为黄铁矿单晶体）

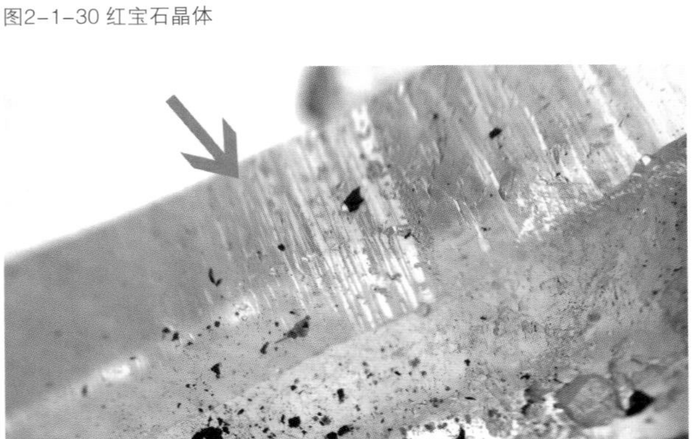

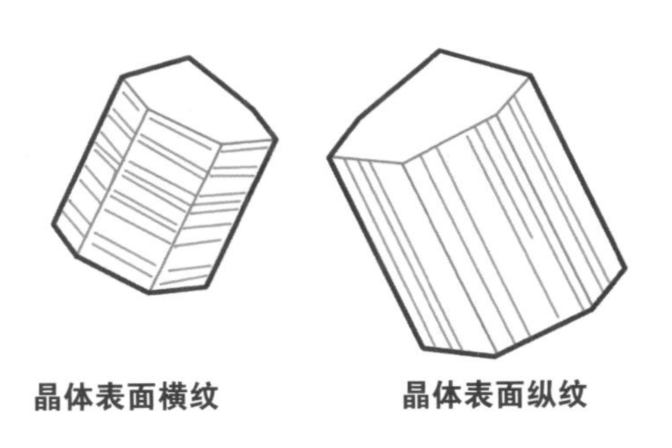

图2-1-32 水晶晶体表面的生长条纹（横纹，红色箭头所指）（左）及横纹、纵纹简图（右）

图2-1-33 钻石八面体晶体上可见倒三角形凹坑

图2-1-34 钻石菱形十二面体晶体上可见线理状花纹

图2-1-35 萤石晶体嵌木地板式条纹

图2-1-36 红宝石三角形天然蚀像（红宝石常见横纹，平行菱面体方向的生长纹，三角形或六边形的天然蚀像）

图2-1-37 碧玺表面纵纹

图2-1-38 水晶表面横纹

图2-1-39 水晶表面蚀像

图2-1-40 托帕石表面纵纹

图2-1－41 托帕石晶体顶端蚀像

图2-1-42 尖晶石的蚀像

课后阅读：晶体的47种单形

结晶学中有146种不同的单形，单形根据单独存在时的几何形状可归并为几何性质不同的47种几何学单形。这些几何学的单形按照如下几种方式命名：

①按照横截面形状特征命名，如三方柱、四方柱、六方柱、菱方双锥等。

②按照整个单形的形状命名，如柱、双锥、立方体等。

③按照几何体面的数目命名，如单面、八面体等。

④按照几何体面的形状命名，如菱面体、五角十二面体等。

在结晶学中单形分为一般形和特殊形、闭形和开形、定形和变形、左形和右形四类，本章节中将简单讨论闭形和开形。

闭形是指其晶面可以包围成一个封闭的空间的单形，分为面体类、偏方面体类、双锥类三大类，合计30种。每一类都有更加细致的分类，例如面体类细分为四面体类、八面体类、立方体类等（图2-1-43～图2-1-48）。

开形是指其晶面不能包围成一个封闭空间的单形，分为单面、双面、柱类和单锥类四大类，合计17种（图2-1-49～图2-1-51）。

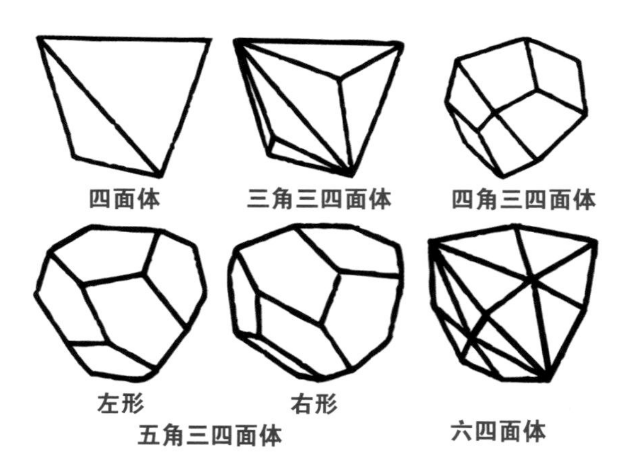

图2-1-43 四面体类

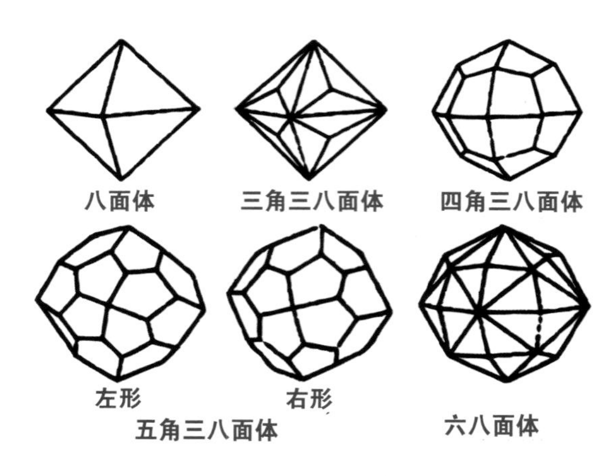

图2-1-44 八面体类

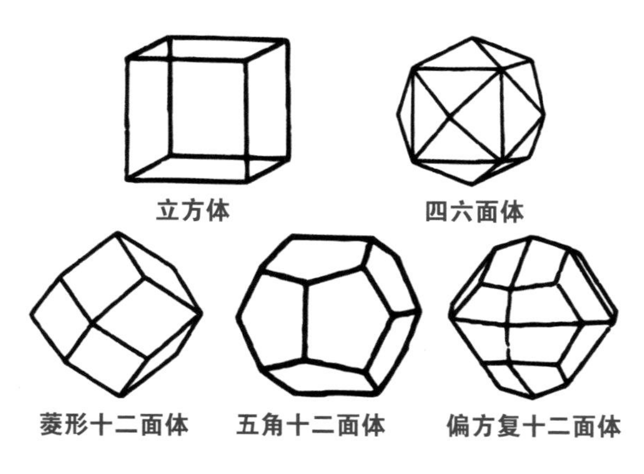

图2-1-45 立方体类和十二面体类

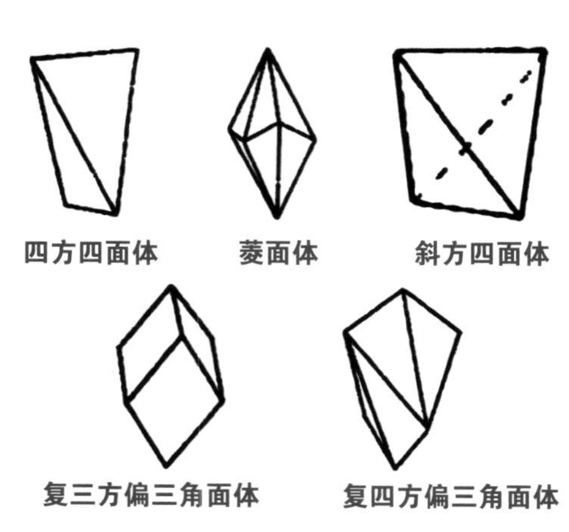

图2-1-46 其他面体类

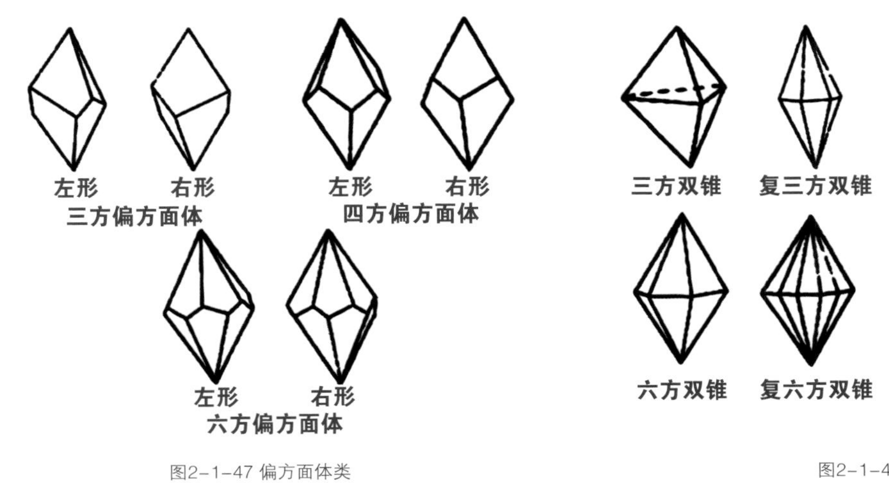

图2-1-47 偏方面体类

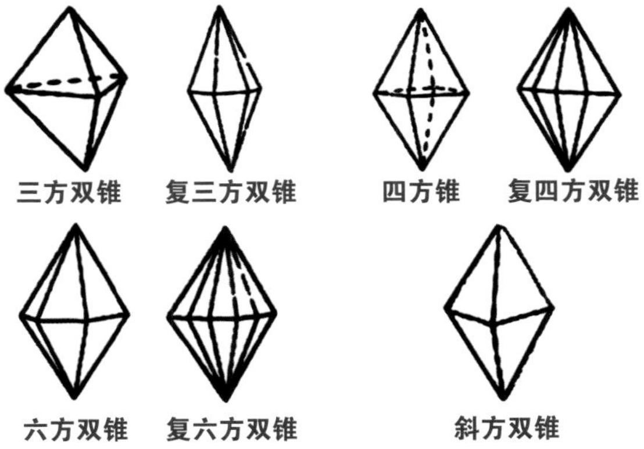

图2-1-48 双锥类

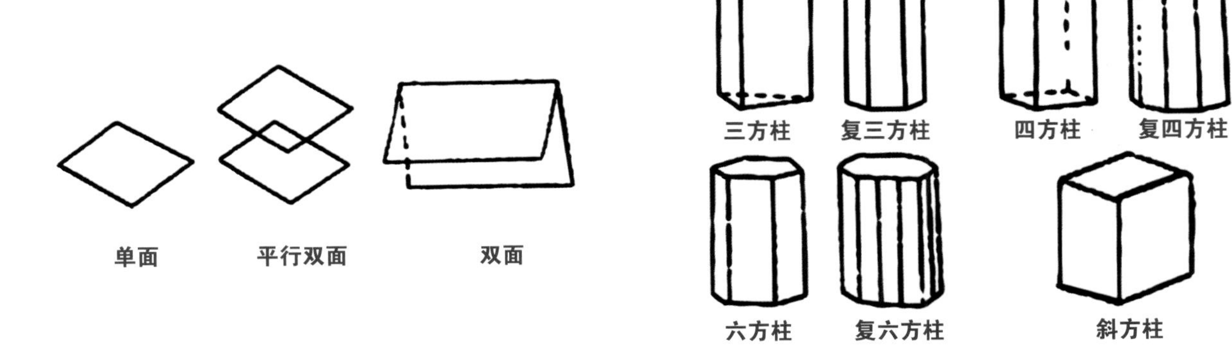

图2-1-49 单面和双面

图2-1-50 柱类

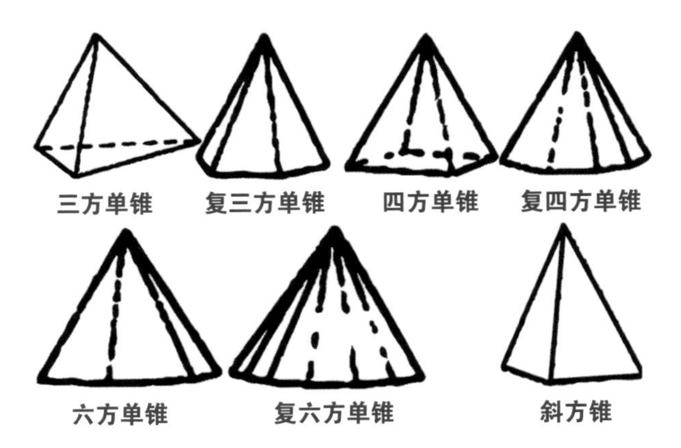

图2-1-51 单锥类

第二节 晶体的分类

一、晶体的对称性

对称性是在研究实际晶体和未加工宝石材料时会涉及的一个抽象概念，用来描述当晶体结构以穿过它的一个方向或平面为参照时所表现出来的重复。这是晶体分类的基础。

晶体的对称性从微观的角度可以理解为描述晶体结构重复性的一种方法，从宏观的角度可以理解为两个或两个以上形状、大小相同，方向可能不同的几何面按照一定的规律重复，这种重复的规律可以用对称轴和对称面来描述，每个对称轴或对称面我们称之为对称要素，当观察或推测一个物品的对称性的时候，这种行为会被描述为在进行对称性的操作。

二、晶体的对称要素

结晶学中的对称要素有对称轴、对称面、旋转反伸对称轴、对称中心四类，这里将会涉及到对称轴和对称面两个对称要素 。

1. 对称轴

1）对称轴的概念及记录方式

对称轴是一条假想的直线，它指示了穿过晶格结构某一个方向后，当晶格结构围绕该假想直线旋转360°时基准面（图2-2-1、图2-2-2）在相同位置出现的次数，这个次数只有2、3、4或6次4种情况。也可以理解为假想有一条直线穿过几何体中心，沿着这个直线旋转几何体360° ，如果发现旋转一定角度后的几何体形状和起始零度时几何体形状一致，这个时候的假想直线称为对称轴。

对称轴以大写字母L表示，轴次n写在L的右上角，写作L^n，例如2次轴用L^2表示，3次轴用L^3表示，4次轴用L^4表示，6次轴用L^6表示。L^6、L^4、L^3习惯性被称为高次轴。

晶体在不同方向上都有可能存在对称轴，这些不重合的对称轴数量会约定俗成地写在L的左边，例如6个二次轴用$6L^2$（图2-2-3～图2-2-9）表示，3个三次轴用$3L^3$（图2-2-10～图2-2-14）表示，4个三次轴用$4L^3$（图2-2-15～图2-2-18）表示，1个六次轴用L^6（图2-2-19）表示。

当一个晶体中有多个对称轴时，记录的方式按照从左到右轴次从高到低的方式排列，对称轴数量写在该对称轴的左边，例如$L^6 6L^2$，$3L^4 4L^3 6L^2$。

2）找寻对称轴注意事项

①对称轴出现的位置有5种。

两条平行棱线的中点，例如立方体的二次轴位置。

两个平行面的中点，例如立方体的四次轴位置。

两个顶点（多个面的交点）之间，例如立方体的三次轴位置。

顶点和平行面的中点，例如四面体的三次轴位置。

棱线的中点和平行面的中点，例如三方柱的二次轴位置。

②同一方向对称轴的选取遵循就低原则。例如一个方向既能够找到6次对称轴也能找到3次对称轴，根据就低原则，最终记录为L^3。不同方向的对称轴根据找到的数量如实记录。

需要注意的是除了六次对称轴和四次对称轴不能同时出现、六次轴只能出现一个，这两个特例外，其他类型的对称轴是可以多种或者多个同时并存的。

③基准面一定要选取的是最小单位的一个平面，不能选取相交的两个或两个以上的面作为基准面，如若不然将影响对称轴判断准确性。

④记录对称轴次数时，一定要确定是相同形状，相同大小的面在相同位置重复的次数。

⑤如有一个二次轴垂直对称轴L^n（n=3、4或6），则必然有n个二次轴垂直L^n。

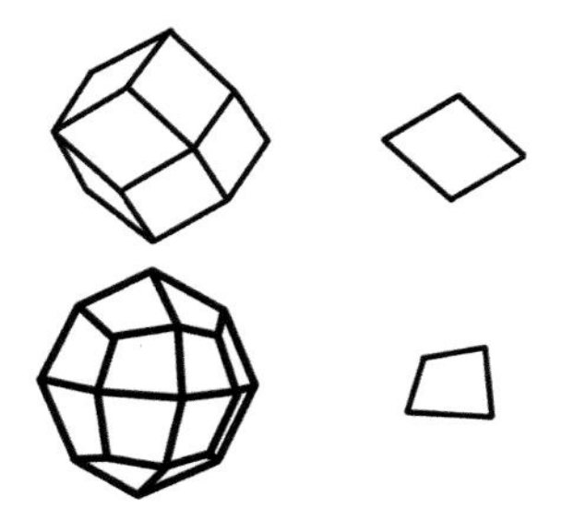

图2-2-1 单形的基准面选择
单行的基准面是组成单形的最小重复平面，图中左上为菱形十二面体，该几何体是由一种形状的面构成的封闭图形，最小重复平面为右上所示的菱形，所以菱形十二面体的基准面为菱形
图中左下为四角三八面体，该几何体是由一种形状的面构成的封闭图形，最小重复平面为右下所示的四边形，所以四角三八面体的基准面为四边形

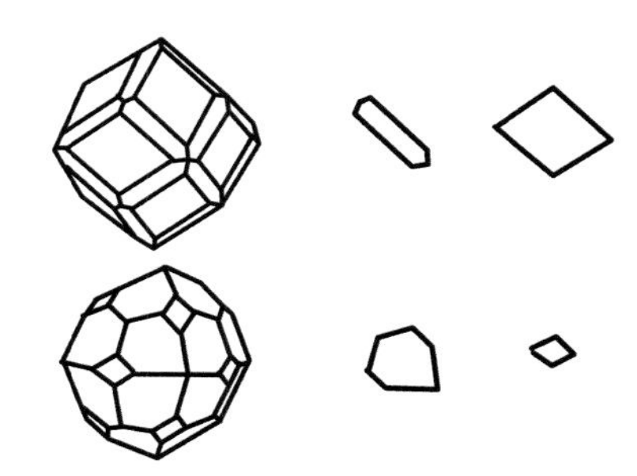

图2-2-2 聚形的基准面选择
聚形是由多个单形聚合而成的，聚形基准面的选择实际就是组合为聚形的单形的判断
图中左起第一列为聚形（菱形十二面体和四角三八面体的两个单形聚合而成），该几何体是由两种形状的面构成的封闭图形，最小重复平面为第二列所示的六边形和第三列右所示的菱形，所以第一列聚形的基准面为六边形或菱形。计算对称轴的时候，只能选取一个形状为基准面进行对称性的记录

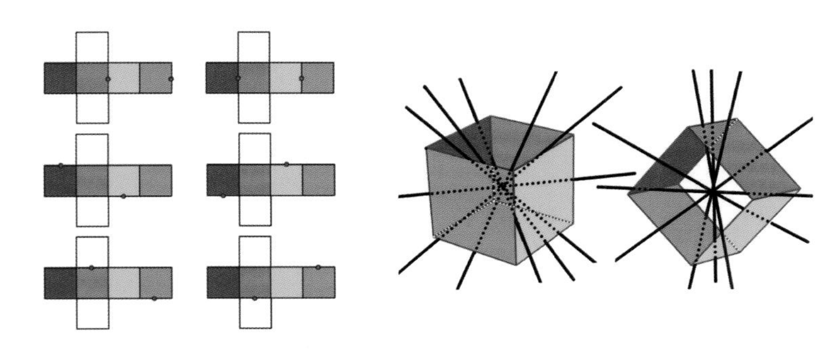

图2-2-3 立方体的二次轴
图中左为立方体展开图，红色点表示假想直线与棱线的交点
图中右为封闭的立方体，二次轴可能出现在平行棱线的中点、平行长方形面的中点、轮廓似长方形的平行的三个或三个以上的面的交点

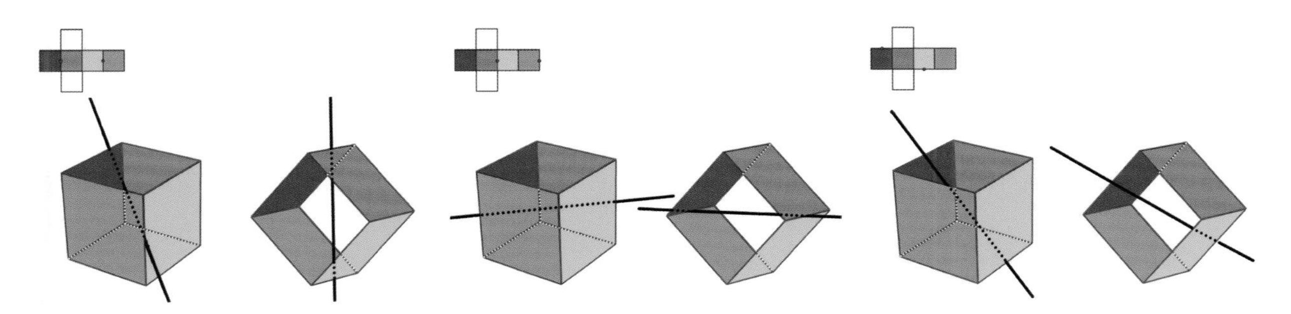

图2-2-4 立方体的第一个二次轴
选择如图所示的平行线的中点，假想有一条直线穿过这两条棱线的中点，将立方体旋转360°，颜色不同但相同形状的基准面将在相同的位置重复两次（红色和蓝色的面，黄色和绿色的面，两个无色的面，三组重复的面，尽管会出现三组重复的面，由于假想直线未发生位置和角度改变，因此二次轴只记录一次），这个假想的直线记录为二次轴

图2-2-5 立方体的第二个二次轴
选择如图所示的平行线的中点，假想有一条直线穿过这两条棱线的中点，将立方体旋转360°，颜色不同但相同形状基准面将在相同的位置重复两次（红色和绿色的面，黄色和蓝色的面，两个无色的面，三组重复的面），这个假想的直线记录为第二个二次轴

图2-2-6 立方体的第三个二次轴
选择如图所示的平行线的中点，假想有一条直线穿过这两条棱线的中点，将立方体旋转360°，颜色不同但相同形状基准面将在相同的位置重复两次（红色和无色的面，绿色和蓝色的面，无色和黄色的面，三组重复的面），这个假想的直线记录为第三个二次轴

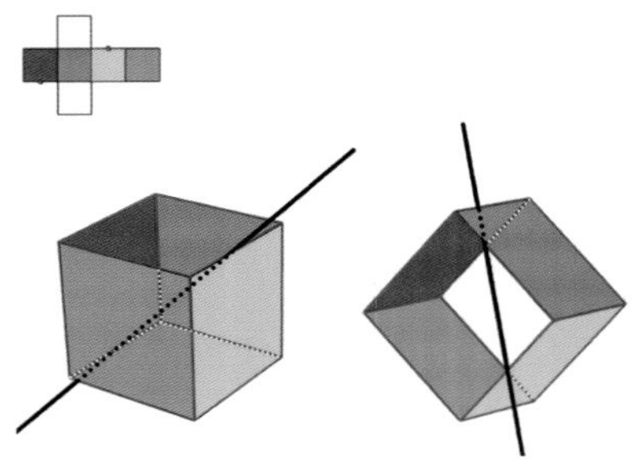

图2-2-7 立方体的第四个二次轴
选择如图所示的平行线的中点，假想有一条直线穿过这两条棱线的中点，将立方体旋转360°，颜色不同但相同形状基准面将在相同的位置重复两次（红色和无色的面，绿色和蓝色的面，无色和黄色的面，三组重复的面），这个假想的直线记录为第四个二次轴

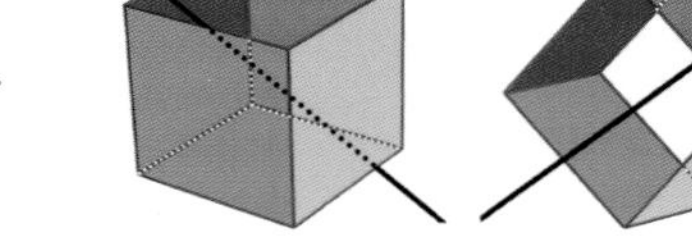

图2-2-8 立方体的第五个二次轴
选择如图所示的平行线的中点，假想有一条直线穿过这两条棱线的中点，将立方体旋转360°，颜色不同但相同形状基准面将在相同的位置重复两次（红色和无色的面，绿色和蓝色的面，无色和黄色的面，三组重复的面），这个假想的直线记录为第五个二次轴

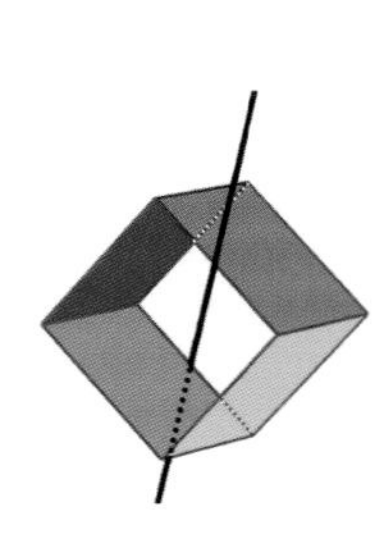

图2-2-9 立方体的第六个二次轴
选择如图所示的平行线的中点，假想有一条直线穿过这两条棱线的中点，将立方体旋转360°，颜色不同但相同形状基准面将在相同的位置重复两次（绿色和无色的面，红色和黄色的面，无色和蓝色的面，三组重复的面），这个假想的直线记录为第六个二次轴

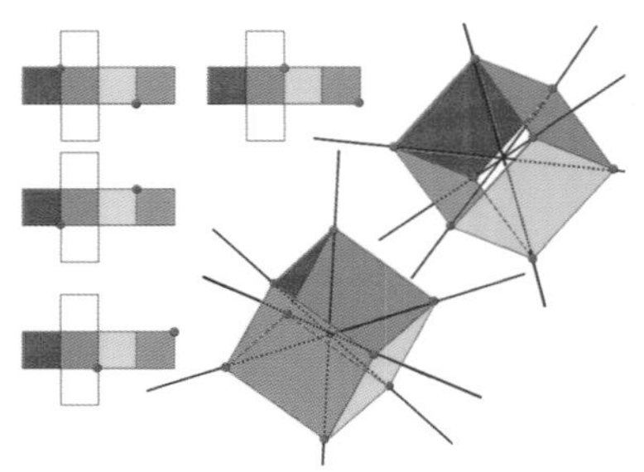

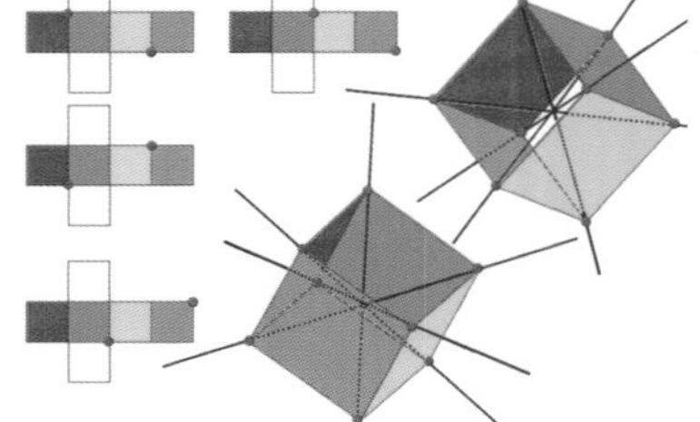

图2-2-10 立方体的三次轴
图中左为立方体展开图，红色点表示假想直线与棱线的交点
图中右为封闭的立方体，红色点表示假想直线与棱线的交点
三次轴可能出现在平行等边三角形面的中点、轮廓似等边三角形的平行的三个或三个以上的面的交点

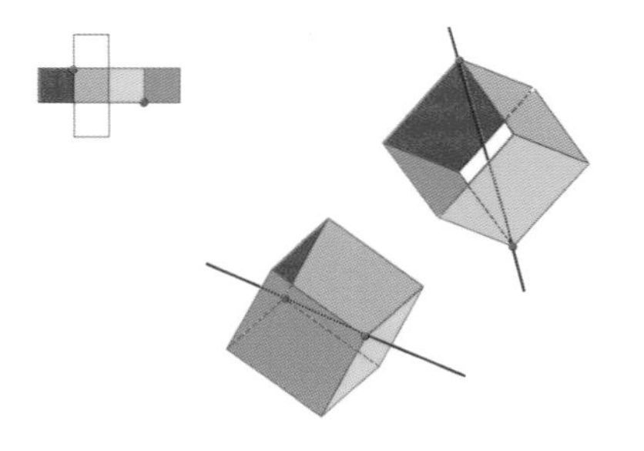

图2-2-11 立方体的第一个三次轴
选择如图所示的三个面的交点，假想有一条直线穿过这两条棱线的中点，将立方体旋转360°，颜色不同但相同形状基准面将在相同的位置重复三次（红色、无色、蓝色的面，绿色、无色和黄色的面，两组重复的面），这个假想的直线记录为第一个三次轴

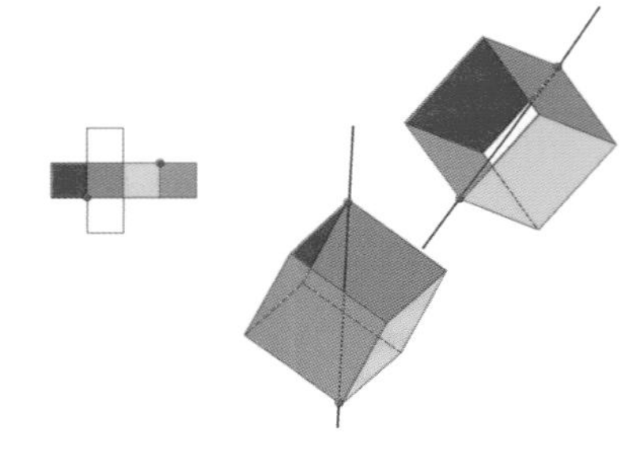

图2-2-12 立方体的第二个三次轴
选择如图所示的三个面的交点，假想有一条直线穿过这两条棱线的中点，将立方体旋转360°，颜色不同但相同形状基准面将在相同的位置重复三次（红色、无色、蓝色的面，绿色、无色和黄色的面，两组重复的面），这个假想的直线记录为第二个三次轴

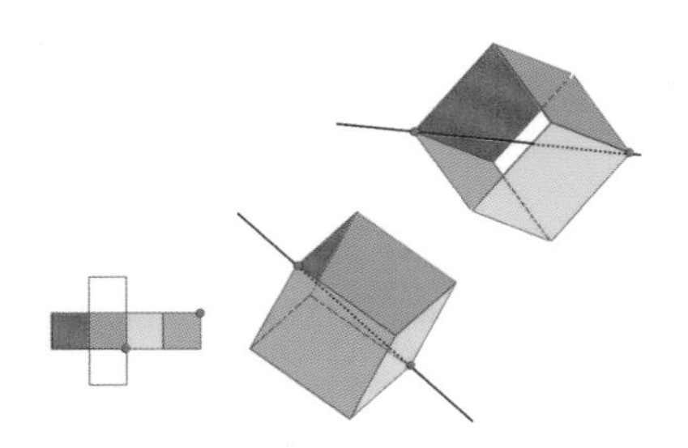

图2-2-13 立方体的第三个三次轴
选择如图所示的三个面的交点，假想有一条直线穿过这两条棱线的中点，将立方体旋转360°，颜色不同但相同形状基准面将在相同的位置重复三次（红色、无色、绿色的面，蓝色、无色和黄色的面，两组重复的面），这个假想的直线记录为第三个三次轴

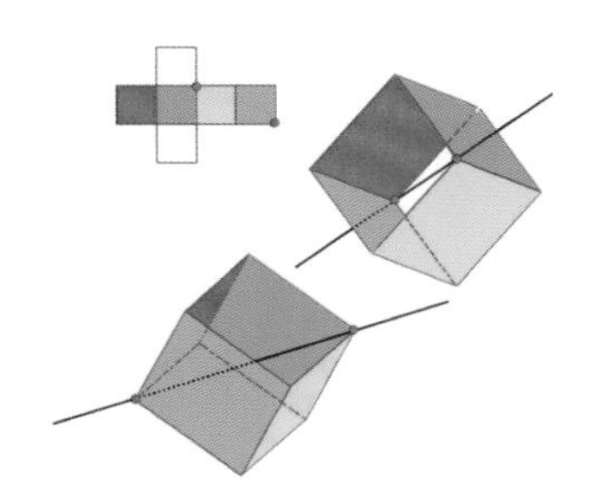

图2-2-14 立方体的第四个三次轴
选择如图所示的三个面的交点，假想有一条直线穿过这两条棱线的中点，将立方体旋转360°，颜色不同但相同形状基准面将在相同的位置重复三次（红色、无色、绿色的面，蓝色、无色和黄色的面，两组重复的面），这个假想的直线记录为第四个三次轴

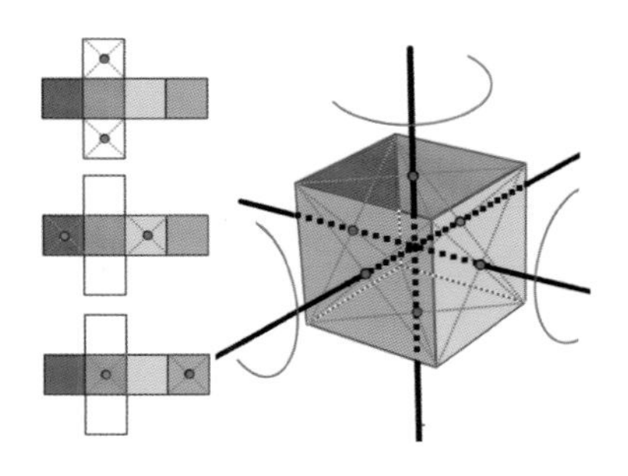

图2-2-15 立方体的四次轴
图中左为立方体展开图，红色点表示假想直线与棱线的交点
图中右为封闭的立方体，红色点表示假想直线与平面的交点
四次轴可能出现在平行正方形面的中点、轮廓似正方形的平行的三个或三个以上的面的交点

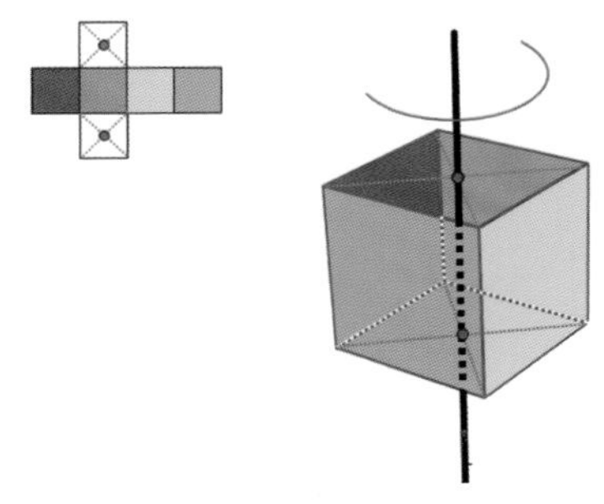

图2-2-16 立方体的第一个四次轴
选择如图所示的平面的中点，假想有一条直线穿过这两个面的中点，将立方体旋转360°，颜色不同但相同形状基准面将在相同的位置重复四次（红色、蓝色、绿色、黄色的面），这个假想的直线记录为四次轴

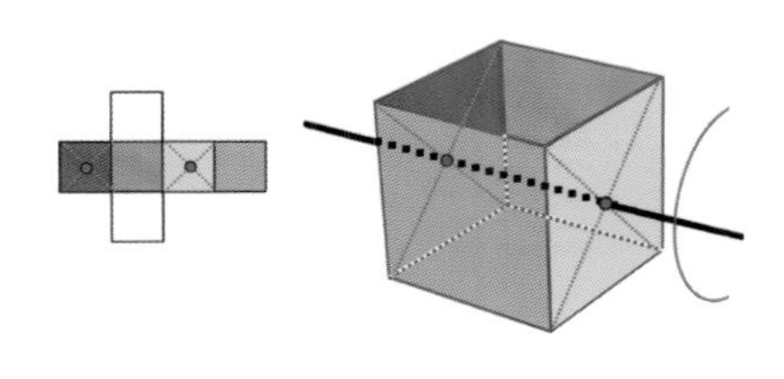

图2-2-17 立方体的第二个四次轴
选择如图所示的平面的中点，假想有一条直线穿过立方体，将立方体旋转360°，颜色不同但相同形状基准面将在相同的位置重复四次（上无色、蓝色的面，下无色、绿色的面），这个假想的直线记录为第二个四次轴

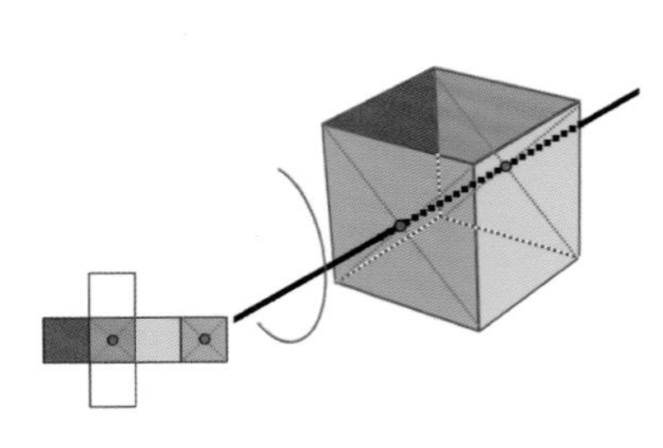

图2-2-18 立方体的第三个四次轴
选择如图所示的平面的中点，假想有一条直线穿过立方体，将立方体旋转360°，颜色不同但相同形状基准面将在相同的位置重复四次（上无色、红色的面，下无色、黄色的面），这个假想的直线记录为第三个四次轴

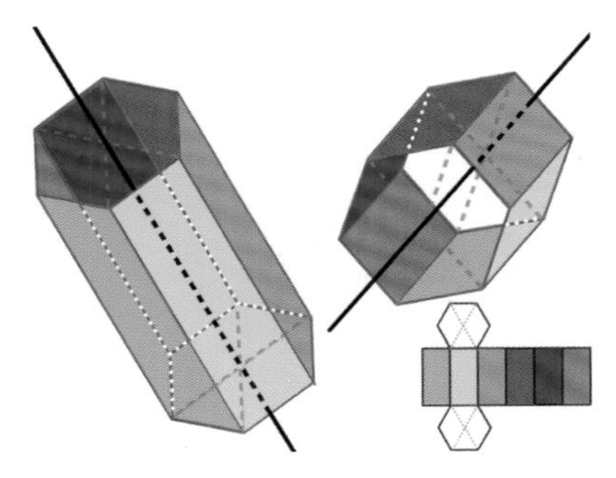

图2-2-19 六棱柱的六次轴
图中左图和右上图中黑线表示六棱柱的六次轴
图中右下为六棱柱的展开图
六次轴可能出现在平行六边形面的中点、轮廓似六边形的六个面的交点

2. 对称面

1）对称面的概念及记录方式

对称面是一个假想的平面，沿着这个平面切开晶体，可以看到每一半晶体都与另外一半镜像对称（图2-2-20）。在同一个晶体结构中这样的平面最多可以出现9个（图2-2-21），也就是说用9种方式对半切开它，切开两半晶体能够完全重合。当然并不是所有的晶体结构都存在对称面。

对称面用大写字母P表示，某些晶体存在多个不重合的对称面，这些对称面数量约定俗成地写在P的左边，例如4个对称面用4P来表示，1个对称面用P表示。

2）找寻对称面注意事项

①对称面很多时候和对称轴是平行且重合的。

②对称面是分割结晶几何体的一个假想平面，和几何学中的平行双面是不同的。

③如果一个对称面包含对称轴L^n，则必然有n个对称面包含L^n。

3. 对称型

一个晶体中所有对称要素的总和称之为对称型，对称型书写的顺序为对称轴+对称面，例如$3L^2 3P$（图2-2-22），如果晶体有多个对称轴，习惯按照从左到右的顺序从高次轴到低次轴、对称面的顺序记录对称轴，例如$L^4 4L^2 5P$（图2-2-23）。晶体有32种对称型。

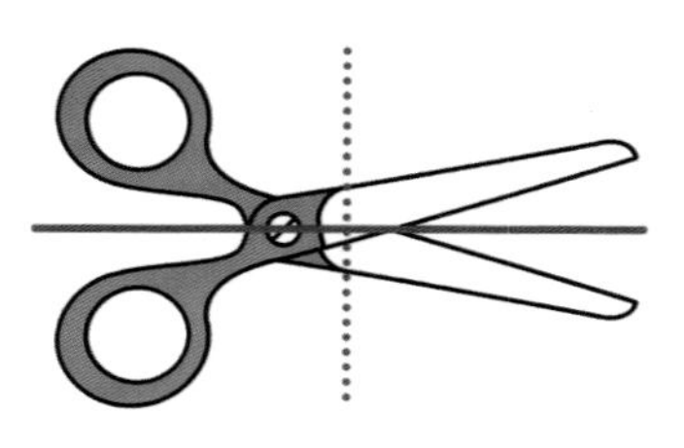

图2-2-20 假想有一个垂直纸面且沿着红色实线方向延伸有一个平面，这个面会将剪刀分为上下两个部分，且上下两部分呈现镜像对称，这个假想的平面称之为对称面。假想有一个平面垂直纸面且沿着红色虚线方向延伸，这个面将剪刀分割为左右两个部分，但左右两侧剪刀形状不具有对称性

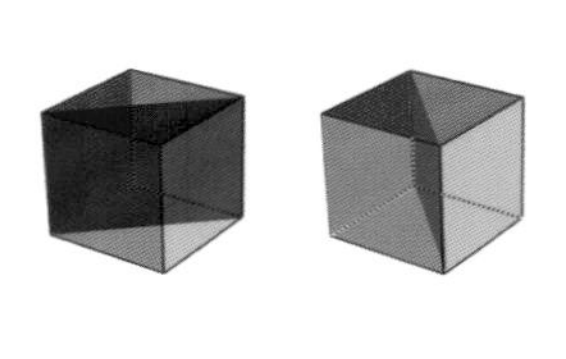

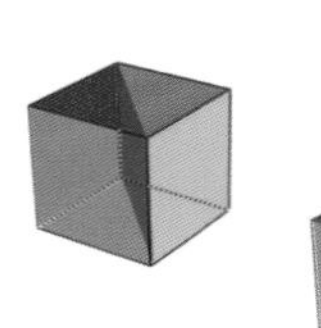

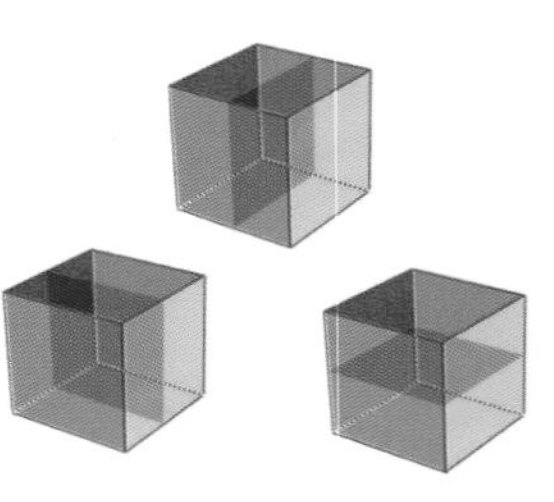

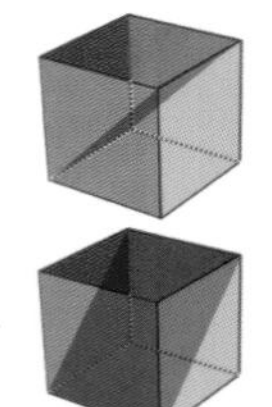

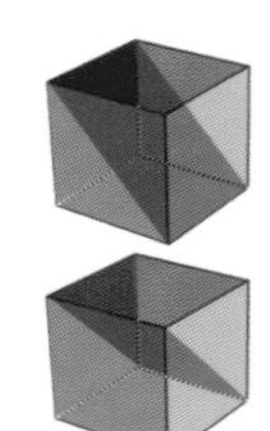

图2-2-21 立方体的九个对称面

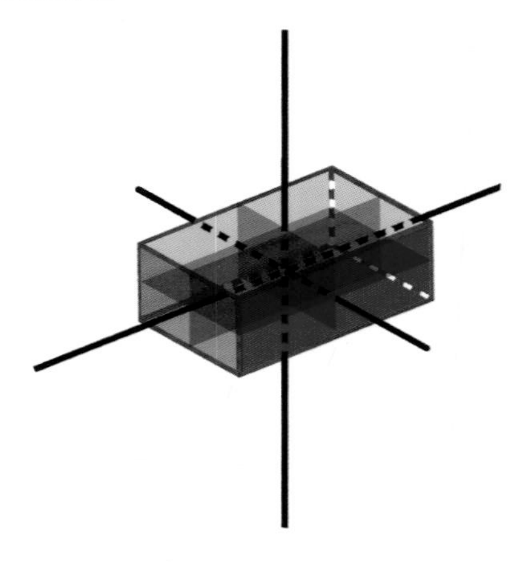

图2-2-22 $3L^2 3P$的对称型（横截面为长方形的长方体）

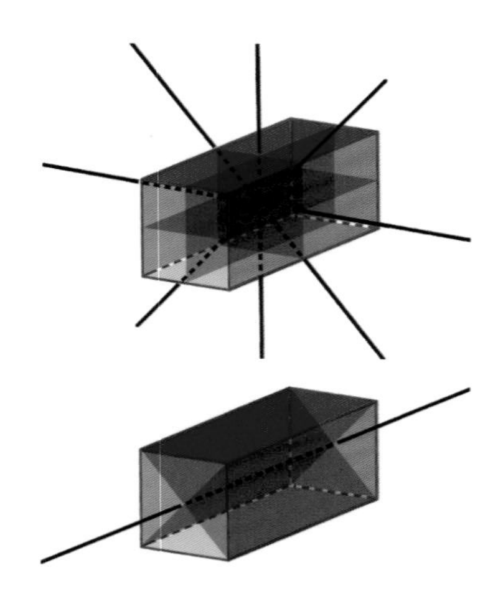

图2-2-23 $L^4 4L^2 5P$对称型（横截面为正方形的长方体），上边有四个二次轴和三个对称面，下边有一个四次轴和两个对称面

三、晶体的分类

对称性是晶体分类的一部分，为了能在晶体分类方案中描述所有天然和人造晶体宝石材料的晶体结构，还需要介绍另外一个概念——晶轴。晶轴是穿过晶体结构的一条假想线，表示晶格结点重复的方向，也表明了结点沿该方向的相对重复距离。晶轴与对称轴或对称面的法线重合，若无对称轴和对称面，则晶轴可平行晶棱方向选取。

在学科体系中，基于对称要素和晶轴，我们将晶体划分为三个晶族，七个晶系（表1）。

表1：晶族及晶系判断要点

晶族	晶系	判断要点	常见宝石品种
低级晶族	三斜晶系	无二次轴或者对称面	天河石、蔷薇辉石、绿松石
	单斜晶系	无高次轴，二次轴和对称面不多于一个	硬玉、透辉石、锂辉石、绿帘石
	斜方晶系	无高次轴，二次轴或对称面多于一个	橄榄石、托帕石、黝帘石（含坦桑石）、堇青石、金绿宝石、顽火辉石
中级晶族	四方晶系	1个四次轴（可用L^4表示）	锆石
	三方晶系	1个三次轴（可用L^3表示）	刚玉 、红宝石、蓝宝石、碧玺、石英族中的晶体（水晶、紫晶、黄晶等）、菱锰矿
	六方晶系	1个六次轴（可用L^6表示）	海蓝宝石、祖母绿等绿柱石族宝石，磷灰石
高级晶族	等轴晶系	4个三次轴（可用$4L^3$表示）	钻石、石榴石、尖晶石、萤石

四、常见宝石晶体特征

常见宝石有钻石、尖晶石、萤石、石榴石、绿柱石、锆石、刚玉、碧玺、水晶、金绿宝石、托帕石等，每种宝石都具有自己固定的晶体特征。

高级晶族宝石多为粒状结晶习性，常见品种常以固定的结晶形态出现（表2）。

中级晶族、低级晶族宝石结晶习性为柱状（表3）。

表2：高级晶族常见宝石晶体特征

宝石名称	晶体分类	重要晶体特征			
		结晶习性	常见晶体形态	常见双晶形态	常见晶面花纹形态
钻石	等轴晶系	粒状结晶习性（图2-2-24），常见八面体粒状	八面体是常见晶形，还可以出现包括菱形十二面体在内更加复杂的晶体形状，常常有圆拱的晶面，可以识别出三次对称性	三角扁平的双晶，有时不显凹角（图2-2-25）	表面可见倒三角形蚀像凹坑（图2-2-26、图2-2-27）等晶面花纹（图2-2-28、图2-2-29）
尖晶石		粒状结晶习性（图2-2-30），常见八面体粒状	经常以八面体的形态产出，晶面可能非常的平，看上去好像抛磨过（图2-2-31）	双晶非常平，像是削了角的三角形（图2-2-32）	表面可见蚀像凹坑，有的类似钻石为倒三角（图2-2-33）
萤石		粒状结晶习性（图2-2-34）	八面体、立方体晶形状（图2-2-35）	穿插双晶	正方形阶梯生长标志，大部分有解理缝隙，色带平行于立方体六个面的方向
石榴石		粒状结晶习性，常见菱形十二面体粒状（图2-2-36）	菱形十二面体或四角三八面体	少见	可见与晶面形状相同的同心环带（图2-2-37）

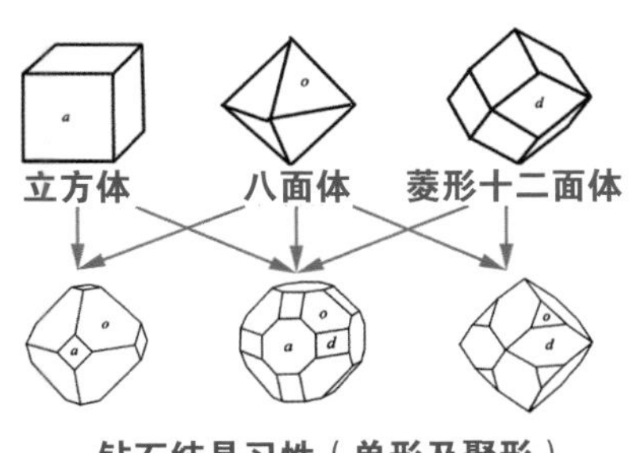

图2-2-24 钻石结晶习性

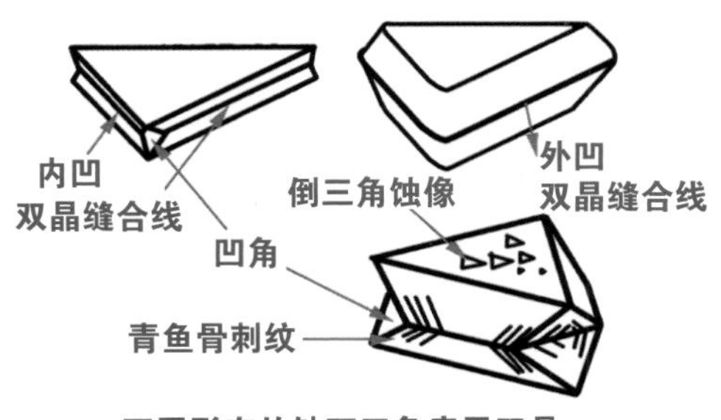

图2-2-25 钻石双晶习性

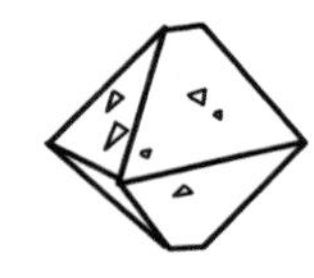

图2-2-26 钻石八面体晶面的倒三角形蚀像

图2-2-27 钻石八面体晶体表面倒三角蚀像

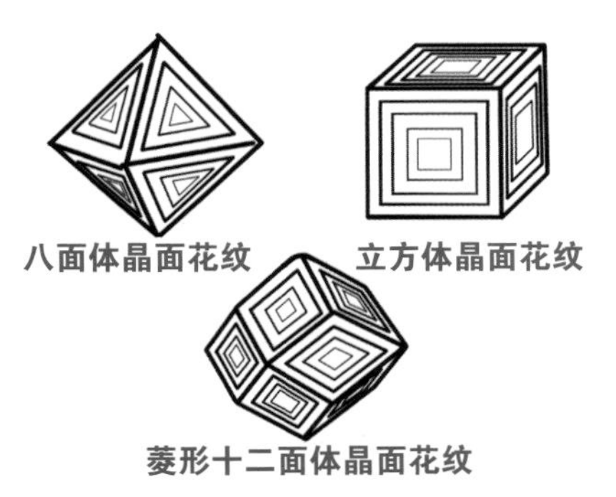

图2-2-28 钻石八面体晶面的倒三角形蚀像

图2-2-29 钻石八面体晶体表面倒三角蚀像

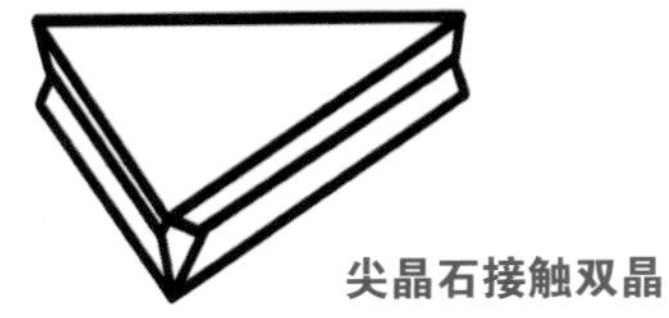

图2-2-30 尖晶石结晶习性

图2-2-31 尖晶石晶体常见形态

图2-2-32 尖晶石的接触双晶

图2-2-33 尖晶石表面倒三角蚀像

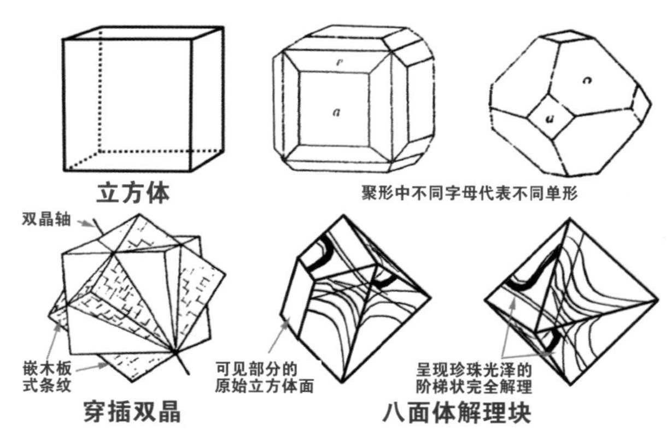

图2-2-34 萤石结晶习性

图2-2-35 萤石晶体

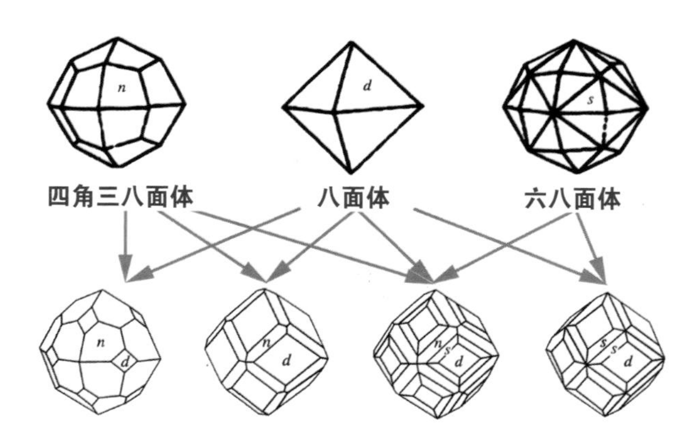

图2-2-36 石榴石结晶习性

图2-2-37 石榴石晶体表面与晶面形状相同的同心环带

表3：中级晶族、低级晶族常见宝石晶体特征

宝石名称	晶体分类	重要晶体特征			
		结晶习性	常见晶体形态	常见双晶形态	常见晶面花纹形态
绿柱石	六方晶系	柱状结晶习性（图2-2-38）	六方柱晶形（图2-2-39、图2-2-40）	少见	可见纵纹
锆石	四方晶系	柱状结晶习性（图2-2-41）	具有横截面是正方形的四方柱，与四方双锥一起出现（图2-2-42）	可见膝状双晶	无特殊花纹
刚玉	三方晶系	板状结晶习性，柱状结晶习性（图2-2-43）	红宝石常呈现六棱柱的板状（图2-2-44），蓝宝石常呈现六方双锥的桶状晶体形态（图2-2-45）	常见聚片双晶	可见横纹
碧玺		柱状结晶习性（图2-2-46）	晶体两端晶面不同，横断面呈球面三角形（图2-2-47）	少见	可见纵纹（图2-2-48）
石英（晶体石英）		柱状结晶习性（图2-2-49）	横截面六边形，六方双锥少见（图2-2-50、图2-2-51），六方单锥常见	接触双晶常见（也称日本双晶）	晶体表面常见横纹
金绿宝石	斜方晶系	柱状结晶习性（图2-2-52）	单晶少见	三连晶常见（图2-2-53），六边形和凹角可作为识别依据	三连晶的条纹可作为识别依据
托帕石		柱状结晶习性（图2-2-54）	横截面为菱形，顶端常呈信封状（图2-2-55）	双晶罕见	可见纵纹

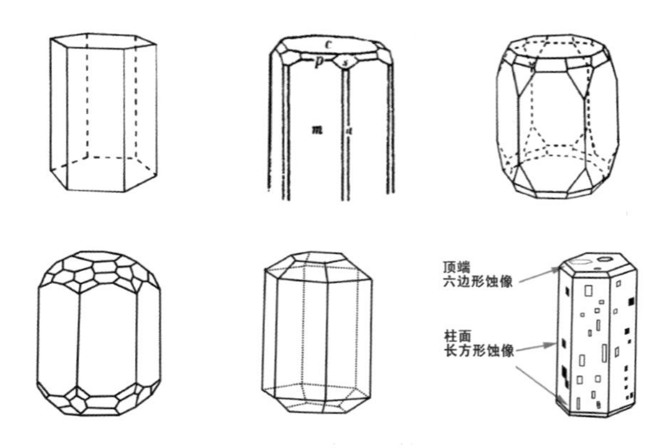

图2-2-38 绿柱石结晶习性

图2-2-39 祖母绿晶体常见形态

图2-2-40 海蓝宝石晶体常见形态

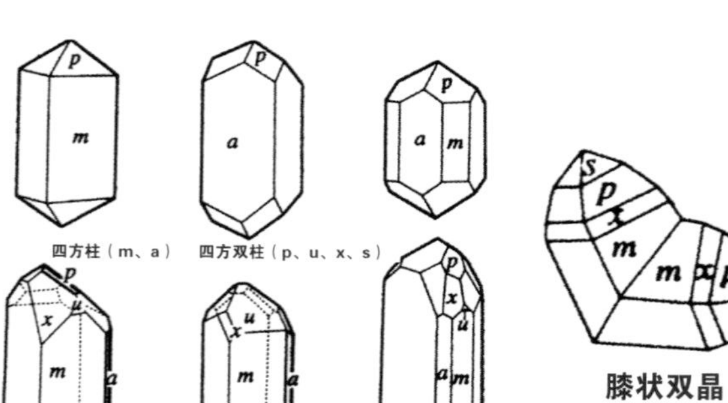

图2-2-41 锆石结晶习性

图2-2-42 锆石晶体

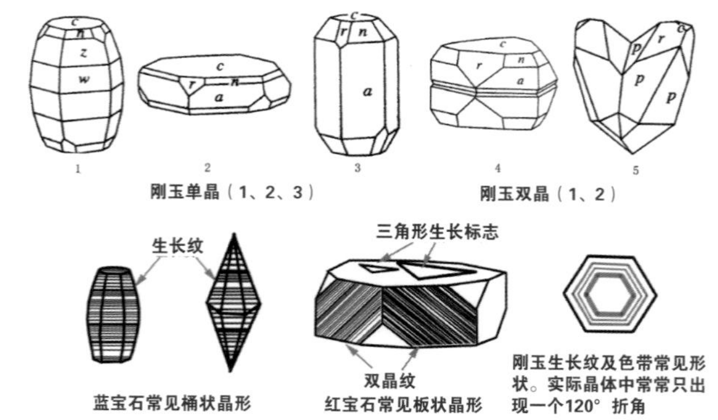

图2-2-43 刚玉结晶习性

图2-2-44 红宝石晶体

图2-2-45 红宝石的机械双晶

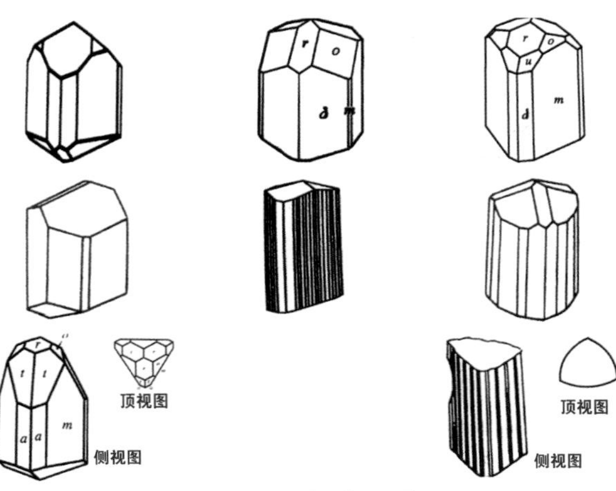

图2-2-46 碧玺结晶习性

图2-2-47 碧玺晶体

图2-2-48 碧玺晶体表面纵纹

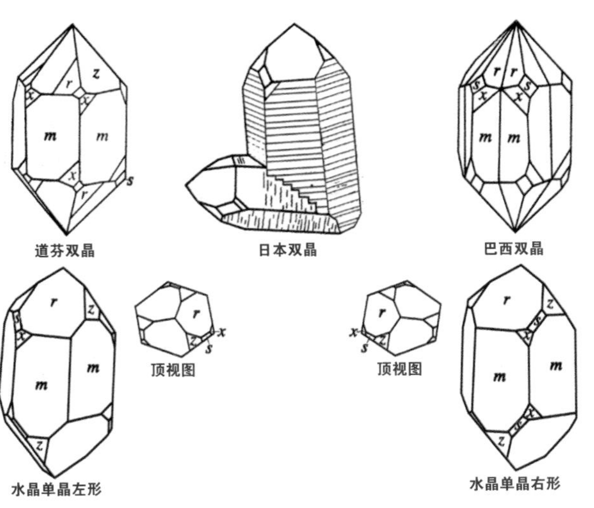

图2-2-49 水晶结晶习性

图2-2-50 水晶晶体

图2-2-51 水晶晶体

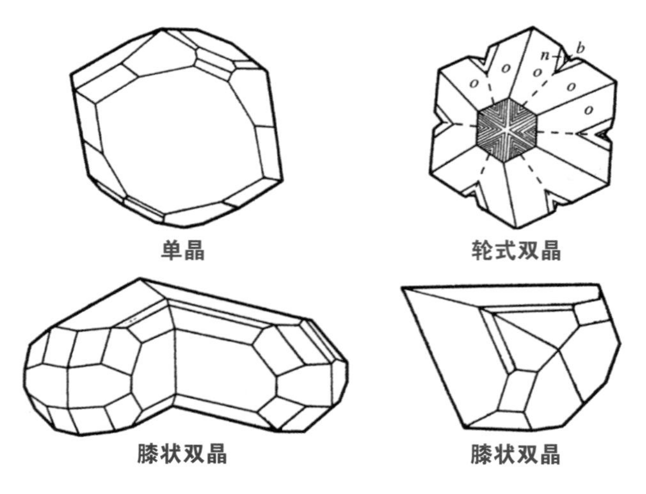

图2-2-52 金绿宝石结晶习性

图2-2-53 金绿宝石晶体

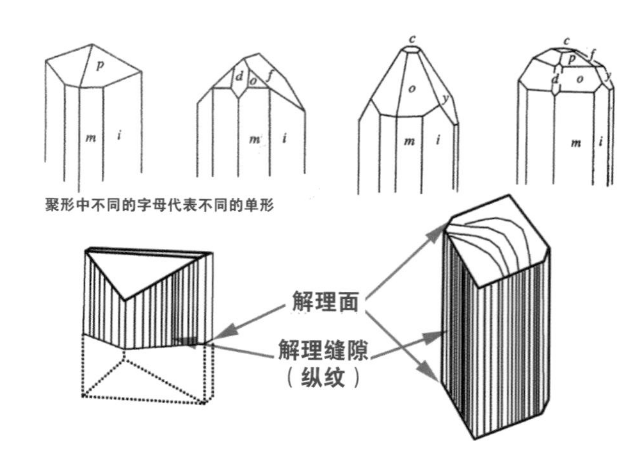

图2-2-54 托帕石结晶习性

图2-2-55 托帕石晶体

课后阅读：为什么宝石晶体长得不一样

从微观的角度而言，宝石晶体是由大小不同的元素按照不同规则排列起来的固体，因此从宏观角度观察很多宝石因为成分不同其晶体外形都有自己的特征。但是也有一些特例，例如同质多象。为了更好地理解宝石晶体为什么长得不一样，在这里我们将从同质多象、类质同象、分子机械混入、宝石矿物中的水、宝石的化学成分五个方面来介绍。

钻石晶体（左为天然钻石，右为合成钻石）

石墨晶体

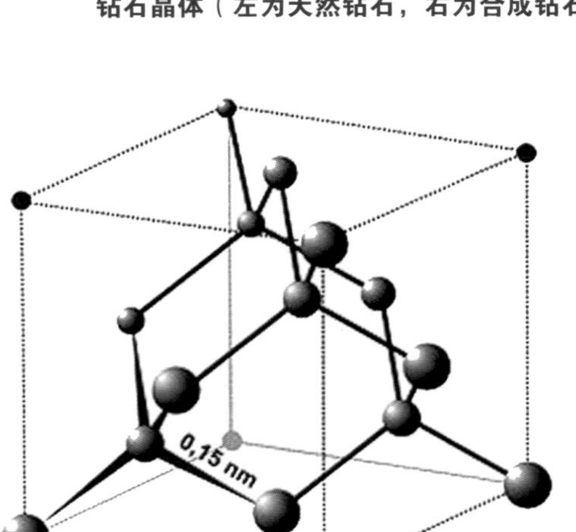

钻石内碳的晶体结构

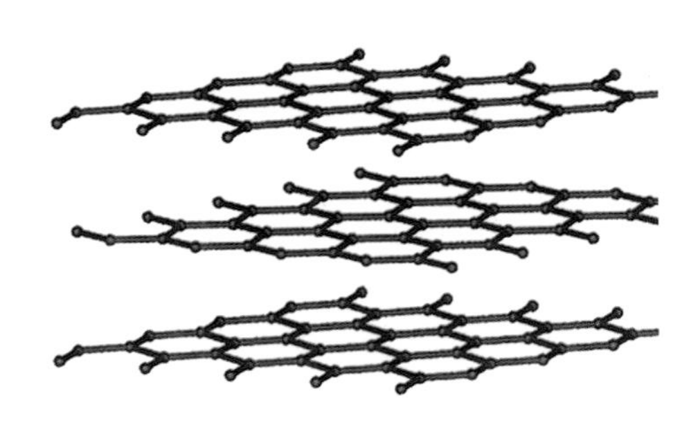

石墨内碳的晶体结构

图2-2-56 同质多象的碳元素

一、同质多象

某些矿物虽然主要化学成分相同，但是晶体结构（元素在三维空间的排列规律）差异很大，物理化学性质差异也很大（表4），我们把这种现象称之为同质多象，例如钻石和石墨（图2-2-56）。

常见的石英有同质多象现象。矽线石、红柱石和蓝晶石是一组同质多象的变体。

同质多象的转变是在固态条件下进行的。结构转化过程中晶体内部会产生压力，这种压力常常使得晶体内部产生双晶。

表4：钻石和石墨性质对比

矿物名称	钻石	石墨
成分	碳（C）	碳（C）
形成条件	高温高压	高温
晶系、习性	等轴晶系，八面体、菱形十二面体	六方晶系、层状
颜色	无色、黄色、蓝色、粉色、绿色等	黑色
光泽	金刚光泽	半金属光泽
透明度	透明至不透明	不透明
折射率	2.40～2.48	1.93～2.07
力学性质	中等八面体解理，硬度10，密度3.52	一组极完全解理，硬度1，密度2.10
其他性质	导热性极好，除了天然蓝色钻石为半导体之外，其他颜色钻石均为绝缘体	导热性中等，导电性好

二、类质同象

类质同象是指晶格结构中部分质点被其他性质类似质点代替，晶格常数和物理化学性质发生略微的变化而晶体结构基本保持不变的现象。可以理解为组成宝石晶体中的元素被其他元素代替，宝石晶体元素重复规律仍然维持原样，原子之间距离出现较小偏差，但是宝石晶体物理化学性质发生略微变化的现象（图2－2－57、图2-2-58）。

类质同象可以用来解释为什么同一个家族的宝石会有那么多颜色，为什么同一个家族宝石的折射率、密度有变化。

家族可以理解为晶体元素重复规律相同，物理化学形式略微不同的一类宝石，例如刚玉族，它包含红宝石和蓝宝石两个成员，绿柱石族包含祖母绿、海蓝宝石、摩根石等品种。

1. 橄榄石

橄榄石化学成分为（Fe,Mg）$_2SiO_4$，其成分中Fe、Mg元素的完全类质同替代，随着橄榄石中Fe含量的增加，橄榄石的颜色会变深，折射率会变大，密度也会增加。

2. 刚玉

纯净的不含任何杂质的刚玉（Al_2O_3）是无色的，当Al被Cr代替宝石呈现玫瑰红—红色调，称为红宝石。其余颜色则统称为蓝宝石，如橙黄色蓝宝石、无色蓝宝石等。通常简称的蓝宝石是指Al被Fe和Ti代替的蓝色蓝宝石。这种代替宝石的致色元素含量越高宝石颜色越深，反之越浅。

3. 碧玺

碧玺，电气石指代的同一种宝石，电气石是其矿物学名称，碧玺是其宝石学名称。碧玺的化学成分为（Na，Ca）$R_3Al_3Si_6O_{18}$(O，OH，F)，其中R主要为Mg、Fe、Cr、Li、Al、Mn等，R中的元素是可以完全或者部分相互替代，因此碧玺颜色极其丰富。例如R主要为Fe的时候，碧玺呈现深蓝色甚至黑色；R主要为Mg的时候，碧玺呈现黄色—褐色；R主要为Li或Mn时，碧玺呈现玫瑰色或浅蓝色；R主要为Cr时，碧玺呈现深绿色。

综上可知，元素类质同象的替代，使得宝石的颜色更加美丽和璀璨。

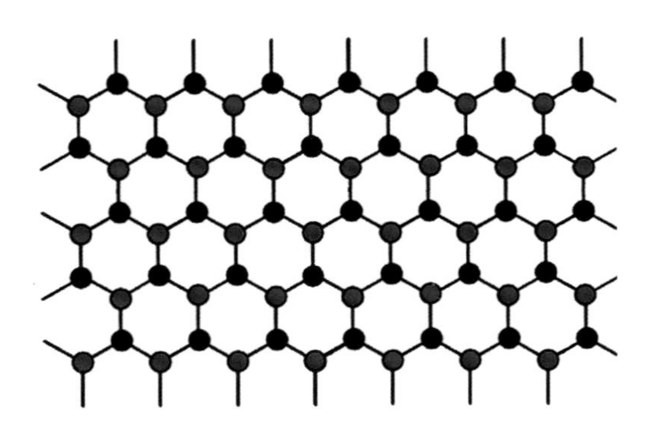

图2-2-57 晶体结构模拟图（蓝色和黑色表示元素质点）

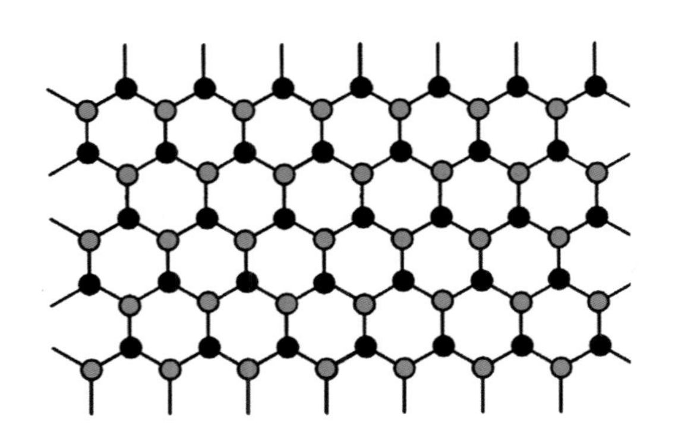

图2-2-58 晶体结构模拟图（黑色表示元素质点，黄色表示替代蓝色元素质点的新元素质点，黄色可不完全替代全部蓝色质点）

三、机械混入

有些时候我们会发现某些元素会强行进入有规律排列的宝石主要元素之间，但是由于进入元素比例较低，没有引起宝石主要元素重复规律的破坏，而只是变形（图2-2-59）。这种情况我们称之为机械混入，如钻石中的氮硼等元素的机械混入，使之产生蓝色、粉红、黄色的彩钻，价值极高。

四、宝石矿物中的水

有些宝石中含有水，而且是宝石矿物重要组成部分，并与宝石性质密切相关。根据宝石矿物中水的存在形式及它们在晶体结构中的作用，宝石中的水分为两类，一类是与晶体结构无关的吸附水，一类是参加矿物晶体结构的，包括结晶水、沸石水、层间水和结构水。和宝石密切相关的水有吸附水、结晶水和结构水。

一是吸附水，如蛋白石（化学成分为$SiO_2 \cdot nH_2O$，n表示H_2O的分子数，含量不定）中的水分子，这是一种为矿物颗粒或裂隙表面机械吸附的中性水分子。在常压下温度达到100～110℃时水分子可全部逸出且不破坏宝石晶格结构，所以为了避免柜台中的欧泊在长时间强光照射下干裂，应在柜台内放一杯水。

二是结晶水，如绿松石［化学成分为$CuAl_6(PO_4)_4(OH)_8 \cdot 4H_2O$，其中$H_2O$含量可达19.47%］中的结晶水。这是一种存在于晶格中具固定位置，起构造单位作用的中性水分子，是矿物化学成分的一部分。结晶水逸出温度一般不超过600℃，而通常在100～200℃结晶水就会逸出。当宝石失去结晶水后其晶体结构被破坏，并形成新的结构。

三是结构水，也称化合水，是以OH^-、H^+、H_3O^+等离子形式参加矿物晶格的水，其中以OH^-最常见。结构水是矿物化学成分的一部分，在晶格结构中占有固定的位置，在组成上有确定的比例。结构水需要有较高温度才能逸出而破坏其结构，通常为600～1000℃。当宝石失去结构水后晶体结构完全被破坏。很多宝石都含有结构水，如碧玺［化学成分为$(Na, Ca)R_3Al_3Si_6O_{18}(O, OH, F)$，其中R主要为Mg、Fe、Cr、Li、Al、Mn等，R中的元素是可以完全或者部分相互替代］、托帕石［化学成分为$Al_2SiO_4(F、OH)_2$］等。

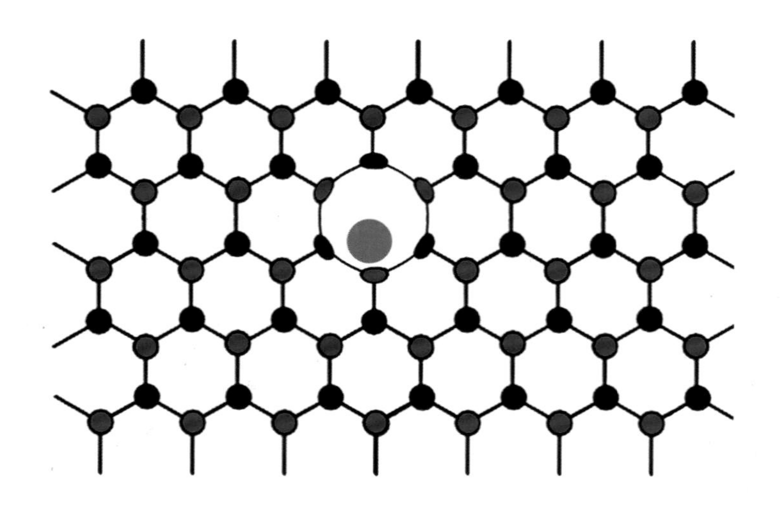

图2-2-59 杂质的混入（蓝色和黑色圆点表示晶体原始结构，红色为外来杂质）

五、宝石的化学成分

宝石和其他物质一样，都是由化学元素组成的。每一种宝石都有其特定的化学成分及一定的变化范围，并决定着宝石的各种特征和性质。宝石隶属于矿物和岩石，宝石的化学成分分类事实上可以追溯回矿物的化学成分。

目前主要的矿物分类方法有化学成分分类（Dana系统）、地球化学分类、成因分类、应用分类及晶体化学分类。广泛采用的是以化学成分和晶体结构为依据的晶体化学分类（Hugo Strunz系统）（表5）。

表5：矿物晶体化学分类体系表

级序	划分依据	举例
大类	化合物类型	含氧盐大类
类	阴离子或络阴离子种类	硅酸盐类
（亚类）	络阴离子结构	架状结构硅酸盐亚类
族	晶体结构型和离子性质	刚玉族、绿柱石族、石榴石族
（亚族）	阳离子种类	碱性长石亚族
种	一定的晶体结构和化学成分	正长石$KAlSi_3O_8$
（亚种）	晶体结构相同、成分或性质、形态相异	冰长石$KAlSi_3O_8$

第三节 与晶体相关的光学名词释义

在自然界中，晶体的色泽或形状往往会第一时间吸引我们的注意力从而引导我们去找到它，在漫长的岁月中，我们发现了晶体会有很多不同的形态和色泽。随着近现代科技的发展，发展出了一门称之为结晶学的学科，如果大家对晶体有更多的兴趣，可以阅读或研究一些更加专业的书籍。

这一节内容我们将简要讨论光照条件下观察晶体宝石时会看到的现象以及描述该现象的专业术语。

一、晶体的颜色

1. 颜色的定义

颜色是光作用于人眼引起除空间属性以外的视觉特征。 这种视觉特征取决于观察者对颜色的识别程度和光照条件（图2-3-1）。

宝石学中的颜色通常表述为宝石吸收可见光后所呈现的颜色，也可描述为宝石对自然光中可见光（图2-3-2）选择性吸收后的补色（图2-3-3）。

在实际肉眼鉴定中，明确宝石的色调可以帮助我们快速区分宝石及其仿制品，也可以帮助我们区分某些天然宝石及其改善品。

2. 颜色的观察要点

①使用反射光观察颜色，有人工光源的话可以在恒定色温的专业比色灯下进行，如果没有人工光源可以在晴天阳光背阴处观察。一般建议上午观察，晚上因为光线较弱最好不要观察宝石颜色。

②黑、白、灰的中性背景色观察环境。

③未提及其他要素不影响颜色观察结果。

图2-3-1 不同光源下同一翡翠颜色差别（左为白天自然光，中间为晚上室内光源，右边为珠宝店黄光照明条件下）

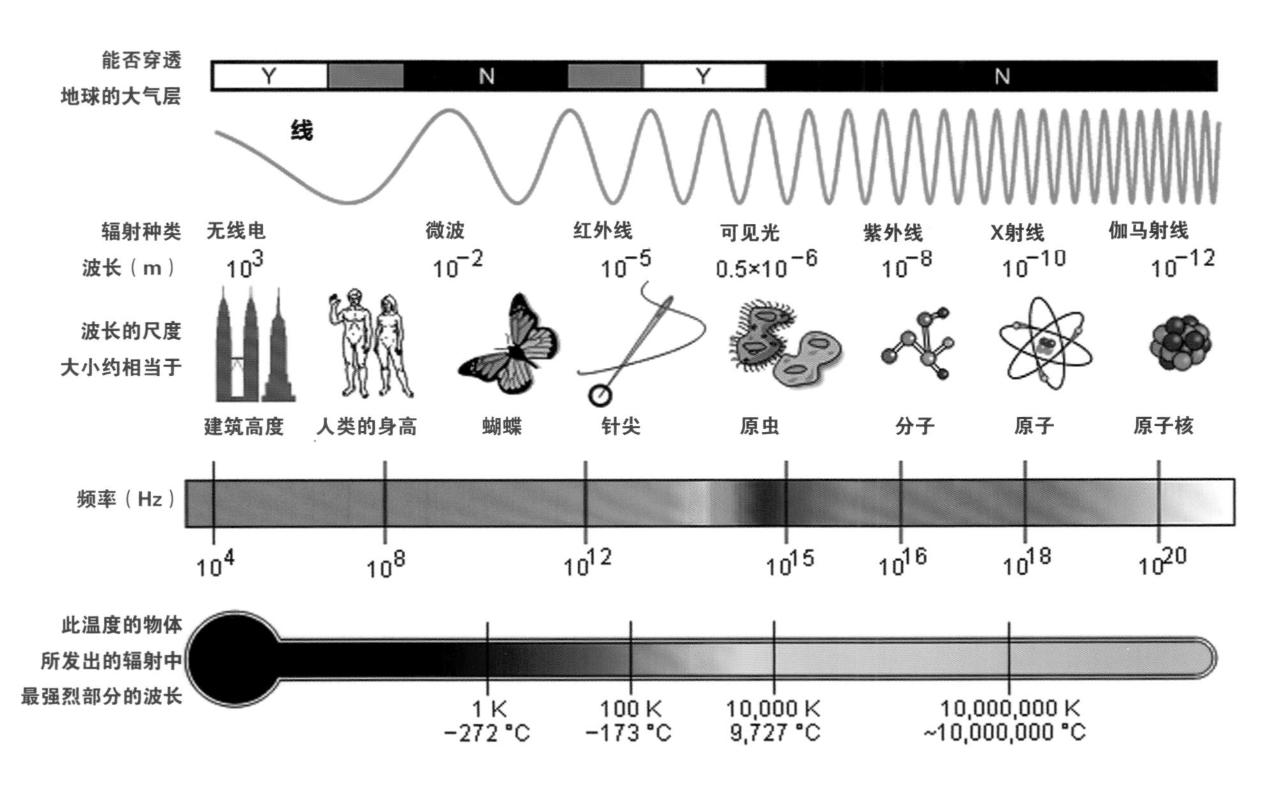

图2-3-2 电磁波的波谱与性质

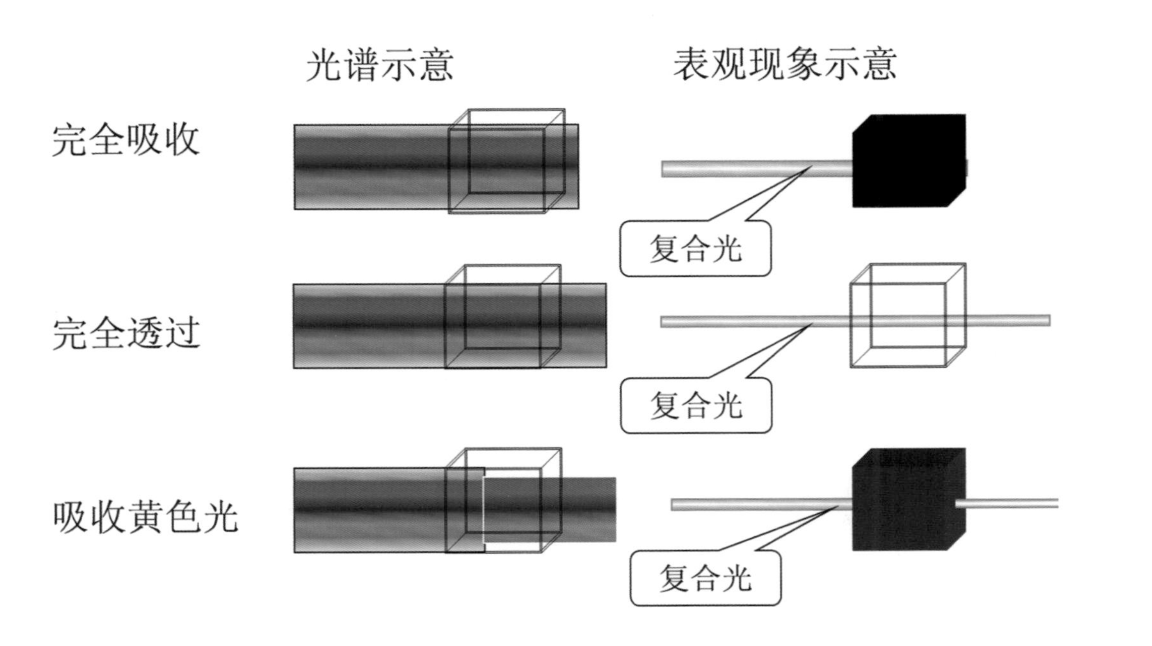

图2-3-3 光的选择性吸收

3. 颜色的描述方法

宝石学是一门综合学科，宝石颜色的描述常借鉴矿物的颜色描述方式。常用描述方法有标准色谱法、二名法、类比法，对于某些颜色分布不均匀的宝石还需要单独指出颜色不均匀这个现象，通常对颜色呈条带状交错分布的现象称之为色带（有些宝石中该现象是一个具有方向性的现象，需要用透射光翻转观察宝石）（图2-3-4～图2-3-6）。

1）标准色谱法

利用标准色谱（红、橙、黄、绿、青、蓝、紫）以及白、灰、黑、无色来描述矿物的颜色（图2-3-7～图2-3-17）。

图2-3-4 具有色带的萤石

图2-3-5 具有色带的碧玺

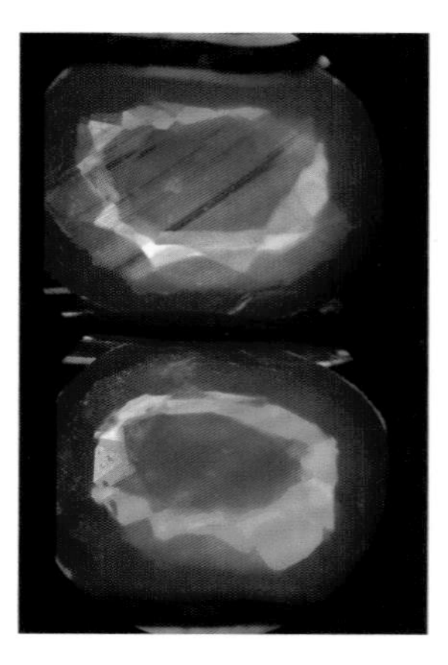

图2-3-6 紫红色，有色带，翻转角度后色带消失（上为红宝石的色带，下为红宝石翻转角度后色带消失）

图2-3-7 标准红色对照矿物辰砂

图2-3-8 标准橙色对照矿物铬酸铅矿

图2-3-9 标准黄色对照矿物雌黄

图2-3-10 标准绿色对照矿物孔雀石

图2-3-11 标准蓝色对照矿物蓝铜矿

图2-3-12 标准紫色对照矿物紫晶

图2-3-13 标准褐色对照矿物褐铁矿

图2-3-14 标准黑色对照矿物电气石

图2-3-15 标准灰色对照矿物铝土矿

图2-3-16 标准白色对照矿物斜长石

图2-3-17 标准无色对照矿物冰洲石

2)二名法

矿物的颜色较复杂时，可用两种颜色来描述。如紫红色，以红为主，带紫色调（图2-3-18）。对于颜色不均匀的宝石也可以使用二名法进行每一类颜色的描述，但是必须注明颜色存在不均匀分布（图2-3-19）。

3)类比法

把宝石和常见的实物进行对比来描述矿物的颜色，如橄榄绿色（图2-3-20）等。

类比法是宝石交易市场中常用的颜色描述方式，如托帕石的伦敦蓝（图2-3-21）、瑞士蓝（图2-3-22）等。

这些类比颜色的词语有些会代表宝石的品质，如蓝宝石的矢车菊蓝 （图2-3-23）、皇家蓝（图2-3-24）。红宝石的鸽血红（图2-3-25）、牛血红等。

2014年12月12日，GRS（瑞士宝石实验室） 宣布了一个新的颜色“Scarlet”（帝王红）用于描述莫桑比克红宝石的红色。“Scarlet”（帝王红）红宝石是具有鲜艳的红色，并带有橙色调的某些莫桑比克红宝石，且这种红宝石的荧光并不影响宝石本身的颜色（B型红宝石 ）。

GRS将红宝石分为A型红宝石和B型红宝石两种。

A型红宝石是指来自莫桑比克的并且含有明显的荧光的，与B型红宝石颜色特征相似的，称为鸽血红的红宝石。命名的原因是该红宝石具有与缅甸顶级鸽血红红宝石相似的颜色。

B型红宝石是GRS型“Scarlet”（帝王红）红宝石，带有GRS类型帝王红颜色描述的莫桑比克红宝石（B型）证书会在主证上描述为艳红色（Vividred），并在附加证书上提供描述。

2015年11月5日，SSEF和Gubelin宝石实验室宣称，对于描述红蓝宝石专业术语鸽血红和皇家蓝达成共识。此外，改术语仅用于描述颜色和净度没有经过任何处理（加热或充填）、内部没有肉眼可见的深色包裹体，且必须展现均匀的颜色和生动的内部反射的红蓝宝石。

图2-3-18 紫红色（帕德玛蓝宝石）

图2-3-19 蓝绿色、玫红色、颜色不均匀分布（碧玺）

图2-3-20 橄榄色（左为橄榄石，右为橄榄树及果实颜色）

图2-3-21 伦敦蓝托帕石

图2-3-22 瑞士蓝托帕石

图2-3-23 矢车菊蓝（左为矢车菊蓝蓝宝石，右为矢车菊）

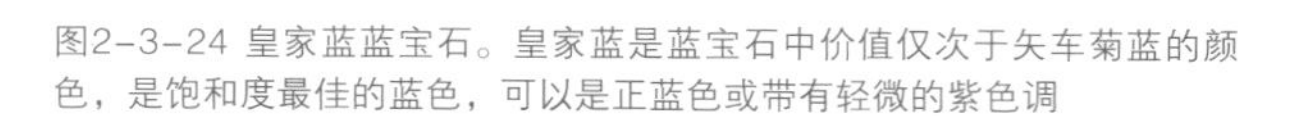

图2-3-24 皇家蓝蓝宝石。皇家蓝是蓝宝石中价值仅次于矢车菊蓝的颜色，是饱和度最佳的蓝色，可以是正蓝色或带有轻微的紫色调

图2-3-25 鸽血红红宝石。鸽血红是红宝石价值最高的颜色，是指浓郁、饱和、均匀的正红色，没有明显其他色调，如蓝色或褐色，但有极微少的紫色调在可接受范围内，宝石的体色在紫外光照射下有强荧光反应

二、晶体的光泽

1. 光泽的定义

物体表面反射光的能力，光泽取决于表面抛光程度和折射率，市场上会用“闪”或者“亮”这些词来替代光泽这个专业术语。

在实际肉眼鉴定中，光泽可以帮助我们快速区分宝石及其仿制品，也可以帮助我们区分某些天然宝玉石及其改善品。

2. 光泽的观察要点

①使用反射光观察光泽。

②观察晶体的时候要注意晶面花纹对光泽的影响，一般来说加工之后宝石光泽比其晶体要好（图2-3-26）。

③在加工的过程中，宝石可能由于抛光料硬度差异或者材料本身硬度的方向性、差异性导致同一品种宝石光泽存在差异。

④对于晶体类宝石而言在同等抛光情况下，宝石折射率越高光泽越强，集合体宝石由于其组成会出现光泽的变异（图2-3-27）。

⑤未提及其他要素不影响光泽观察结果。

3. 光泽的描述方法

本书中涉及的宝石光泽有8种，在晶体中可能见到的光泽有金属光泽和半金属光泽、金刚光泽和亚金刚光泽、玻璃光泽、油脂光泽（在晶体破损的地方很容易见到）这几种，其他光泽多出现在集合体或者有机宝石中，这个将在后面章节中展开讲解。

图2-3-26 加工前后的石榴石光泽对比（左边为加工之前的石榴石晶体，右边为加工之后玻璃光泽的石榴石）

图2-3-27 光泽不同的宝石（左边是不同品种的宝石，因折射率不同，同等抛光条件下光泽有差异。右边是红宝石和紫水晶，红宝石折射率比紫水晶高，所以同等抛光条件下红宝石光泽比紫水晶强）

1）金属光泽

用反射光观察晶体类宝石，金属或者少数宝石可以呈现很强的反光（大部分入射光都发生了镜面反射），例如金、银、黄铁矿（图2-3-28）等。可以理解为类似常见金属的反光强度。

2）金刚光泽

用反射光观察晶体类宝石，宝石里出现最强的反光状态，例如钻石（图2-3-29）。在实际宝石鉴定分析中，我们会认为折射率（宝石检测专业仪器折射仪或反射仪下观察到的数据）大于2.417的宝石，抛光后其光泽是金刚光泽。亚金刚光泽（图2-3-30、图2-3-31）是一种介于金刚光泽和玻璃光泽之间的一种光泽，折射率在2.417到1.780范围之间的宝石，抛光后，其光泽是亚金刚光泽。

3）玻璃光泽

用反射光观察晶体类宝石，大多数晶体类宝石都是这类光泽，例如祖母绿，水晶，碧玺等（图2-3-32～图2-3-34）。在实际宝石鉴定分析中，我们会认为折射率在1.45到1.78之间的宝石，抛光后其光泽都是玻璃光泽，可以理解为类似玻璃表面的反光强度。同等抛光情况下折射率越低玻璃光泽越弱，可以描述为弱玻璃光泽；同等抛光情况下折射率越高玻璃光泽越强，有时候也会描述为强玻璃光泽。

4）油脂光泽

用反射光观察晶体类宝石，少数宝石在晶面上就可以观察到这个现象，大部分宝石是在受外力破损不平坦的部分（这个现象可以用专业术语断口或者解理不发育来描述）可以观察到的光泽（图2-3-35、图2-3-36）。可以理解为类似油脂表面的反光强度。

图2-3-28 反射光下黄铁矿晶体的金属光泽

图2-3-29 反射光下钻石的金刚光泽

图2-3-30 反射光下合成立方氧化锆的亚金刚光泽

图2-3-31 反射光下人造钇铝榴石的亚金刚光泽

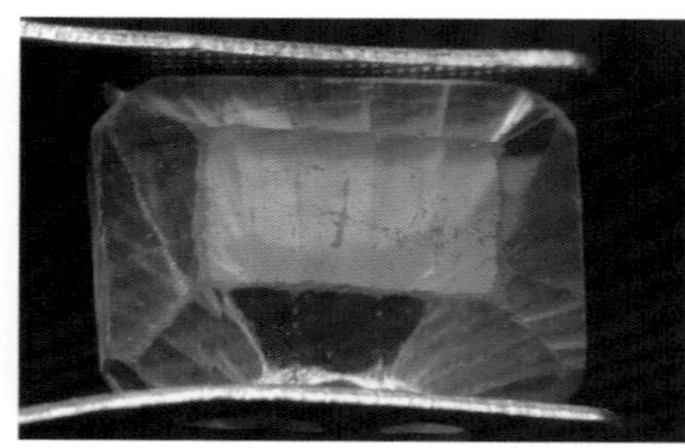

图2-3-32 反射光下萤石的弱玻璃光泽

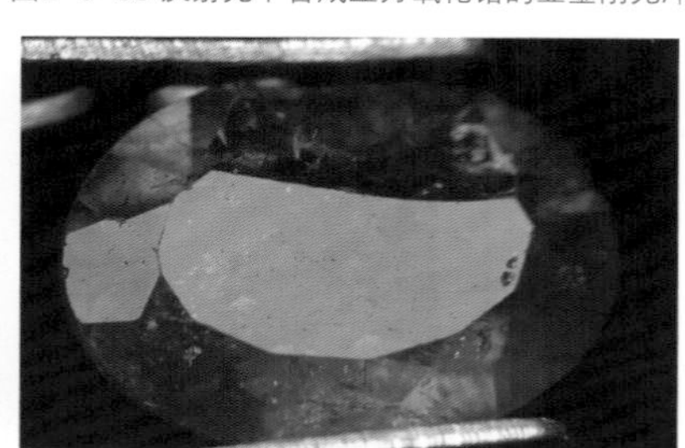

图2-3-33 反射光下碧玺的玻璃光泽

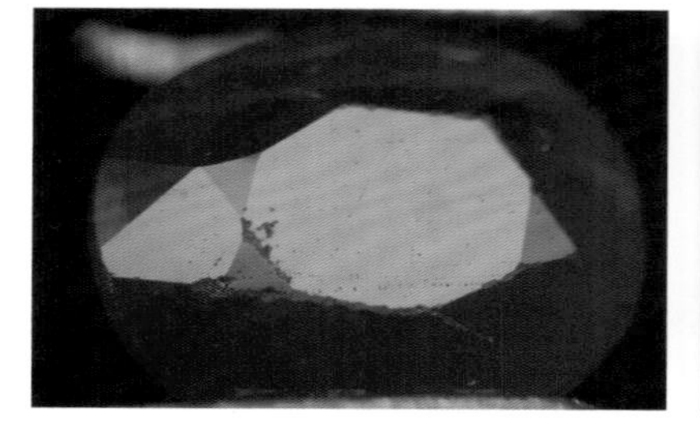

图2-3-34 反射光下红宝石的强玻璃光泽

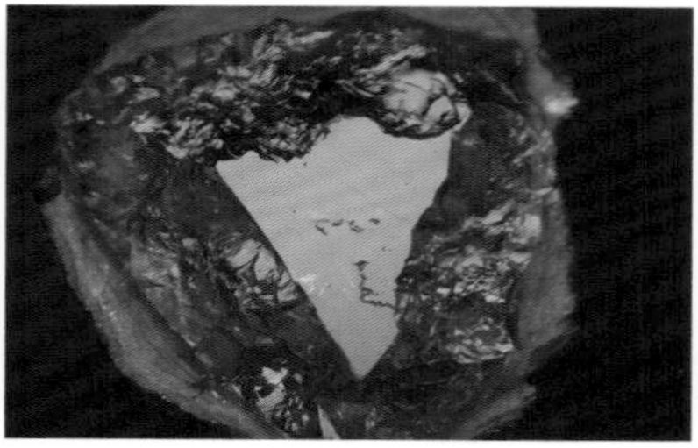

图2-3-35 反射光下碧玺断口的油脂光泽（边缘凹凸不平处）与玻璃光泽（中间近似三角形高光区域）对比

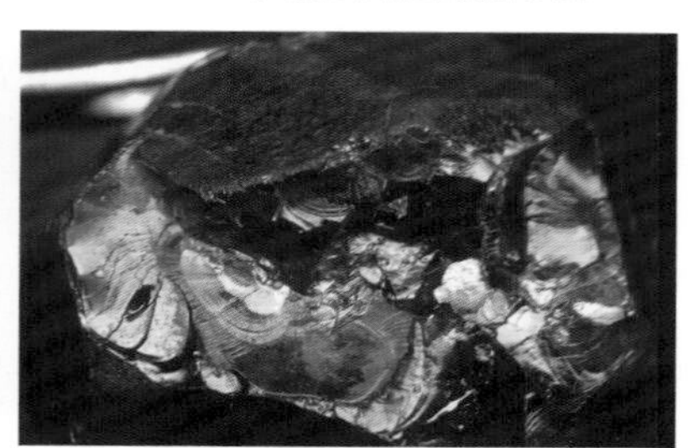

图2-3-36 反射光下石榴石晶体断口的油脂光泽

三、晶体的透明度

1. 透明度的定义

物体透过可见光的能力。晶体厚度和颜色都会影响宝石的透明度判断。一般来说有颜色的宝石晶体，宝石晶体越厚，其透明度越差。

在实际肉眼鉴定中，透明度不能作为单独的判断要素来帮助我们快速区分宝石及其仿制品，更多的时候是作为宝石品质评价要素出现。

2. 透明度的观察要点

①使用透射光观察透明度，这个时候需要注意使用的透射光的强度要与日常光强度接近，当观察光线和自然光强度有偏差的时候，往往会出现误判。

②当宝石内部含有明显内含物（杂质）的时候，会降低宝石的透明度或者造成宝石透明度的不均匀。

③对于同等厚度的宝石而言，颜色越深，透明度越低；对于同种颜色的宝石而言，厚度越厚，透明度越低。

④未提及其他要素不影响透明度观察结果。

3. 透明度的描述方法

根据透过光的程度，透明度分为透明、亚透明、半透明、微透明、不透明5个级别。

1）透明

用透射光观察宝石，宝石整体透亮，相对明亮观察背景而言，宝石中央部分亮度与背景一致或者略高一些，边缘轮廓部分较暗（图2-3-37～图2-3-39）。

透过宝石能看到与透射光同一侧较为明显物体。

对于刻面型的宝石而言，透明的含义是能够从最大的台面看清楚亭部的面和棱线（图2-3-40）。

图2-3-37 左为黄晶，中间为人造钇铝榴石，右边为石榴石（反射光）

图2-3-38 透明（黄晶，透射光）

图2-3-39 透明（石榴石，透射光）

图2-3-40 透明（人造钇铝榴石，透射光）钻石等高折射率宝石透明度判断要点为能够清晰地看到宝石另外一侧的棱线和面

2）亚透明

用透射光观察宝石，宝石整体明亮，相对明亮观察背景而言，宝石亮度与背景一致，观察与透射光同一侧较为明显物体，物体较为朦胧，如同在透明宝石光源之间加了一层白色致密的薄纱一样（图2-3-41、图2-3-42）。

3）半透明

用透射光观察宝石，宝石整体较为明亮，相对明亮观察背景而言，宝石整体亮度较背景弱，观察与透射光同一侧较为明显物体，无法判断物体是什么，仅能知道有物体（图2-3-43、图2-3-44）。

4）微透明

微透明的表现有两种情况。

一种情况是用透射光观察宝石，宝石亮度表现为中间因透光程度低呈现黑色，但边缘因透光程度高，产生亮度。

另一种情况是用透射光观察宝石，宝石整体因不透光呈现黑色，但是在反射光下可见宝石内部特征（图2-3-45）。

5）不透明

用透射光观察宝石，宝石整体不透光，相对明亮观察背景而言，宝石边缘轮廓明亮，其他地方呈现黑色或者无法透过光（图2-3-46、图2-3-47）。

图2-3-41 粉晶（反射光）

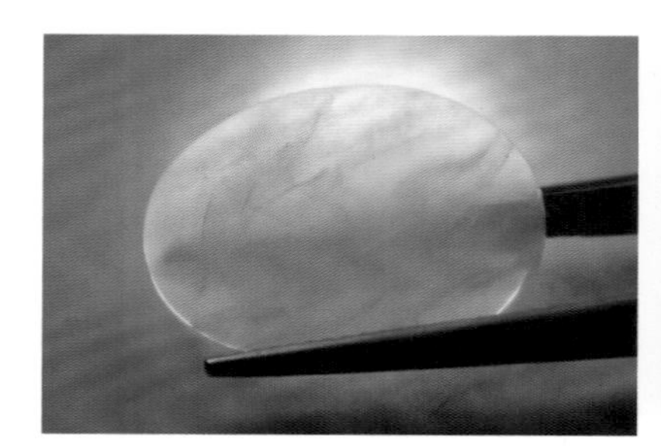

图2-3-42 亚透明（粉晶，透射光）

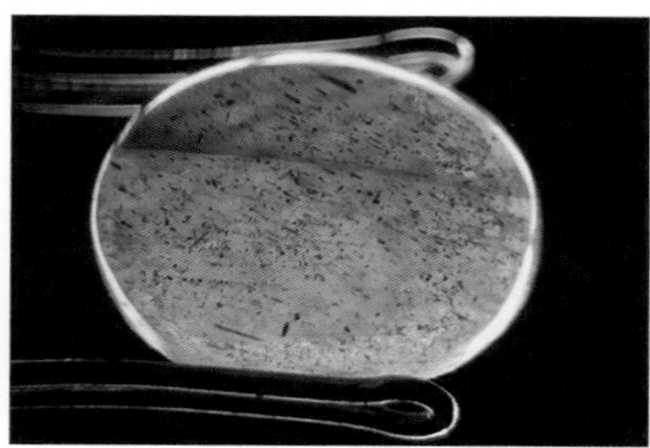

图2-3-43 半透明（拉长石，透射光）

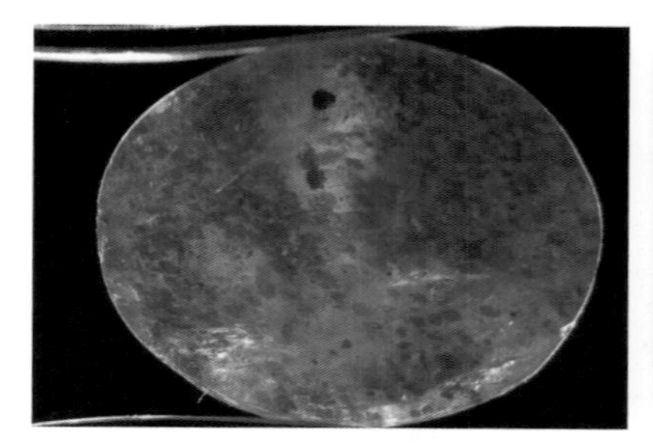

图2-3-44 半透明（日光石，透射光）

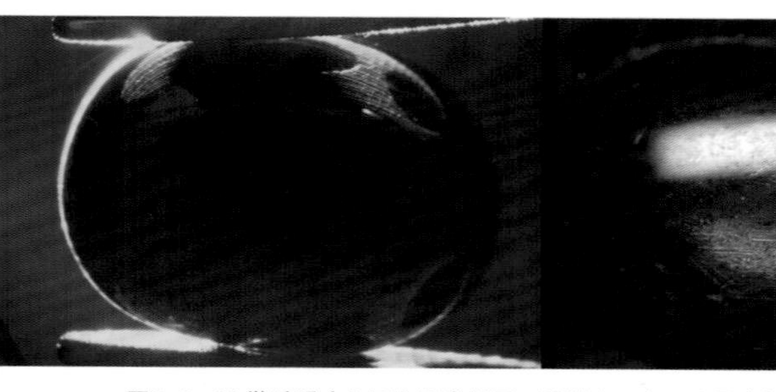

图2-3-45 微透明（左图为星光辉石，透射光；右图为星光辉石，反射光）

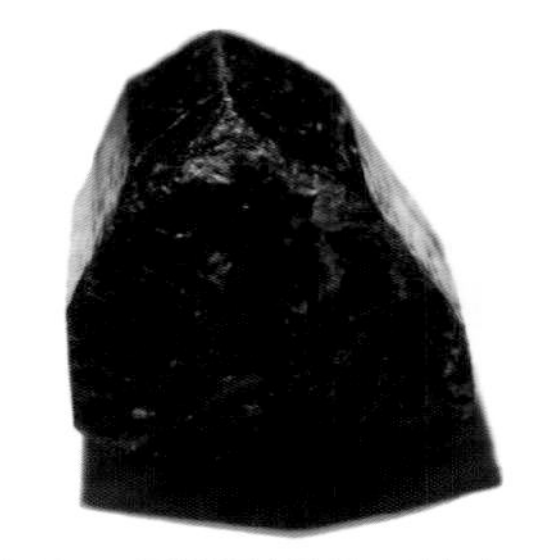

图2-3-46 不透明（晶体：碧玺）

图2-3-47 不透明（晶体：红宝石）

四、晶体的多色性

1. 多色性的定义

某些半透明到透明的有色晶体从不同方向观察颜色不同的现象称之为多色性。

这里的颜色不同指代的是颜色色调的差异或者是深浅的差异。

需要注意的是并不是所有宝石都会见到这个现象，只有中级晶族或者低级晶族的部分宝石才能见到多色性。通常中级晶族宝石可能出现两种颜色，称为二色性；低级晶族的宝石可能出现三种颜色，称为三色性，统称为多色性。

在实际肉眼鉴定中，多色性可以帮助我们快速区分宝石及其仿制品，例如蓝宝石和它的仿制品堇青石（图2-3-48～图2-3-50）。

2. 多色性的观察要点

①使用透射光观察宝石多色性。需要注意的是绝大多数宝石的多色性是需要借助二色镜这个仪器才能看到，肉眼是很难观察到的。

②当宝石内部含有明显内含物（杂质）的时候，降低宝石的透明度时，可能会影响多色性的观察。

③未提及其他要素不影响多色性观察结果。

3. 多色性的描述方法

使用肉眼观察宝石多色性描述格式：有、无。

使用二色镜观察宝石多色性现象描述格式，多色性颜色数量，多色性强弱，多色性颜色描述。例如：对于具有二色性的宝石可描述为：二色性，强，红/紫红；对于具有三色性的宝石可描述为：三色性，强，深蓝紫/浅蓝紫/浅黄色。

图2-3-48 堇青石的多色性（从不同角度观察颜色不同，肉眼观察明显））

图2-3-49 蓝宝石多色性（从不同角度观察颜色不同，肉眼观察较明显）

图2-3-50 红宝石的多色性（从不同角度观察颜色不同，肉眼观察较明显）

五、晶体的发光性

1. 发光性的定义

具有发光性的宝石会更加的迷人。除了容易观察到荧光的红宝石和容易观察到磷光现象的萤石之外，绝大部分宝石的荧光或磷光我们需要在紫外荧光灯下才能观察到，因此在实际的肉眼鉴定中红宝石荧光可以帮助我们快速区分红宝石及大部分天然仿制品（图2-3-51）。

1）发光性

晶体在外来能量激发下能够发出可见光的性质叫作发光性。外来能量包括摩擦，紫外线、X射线等高能射线的照射。

紫外光是我们最容易获取的一种外来能量之一，太阳光就有紫外光的存在，在现实生活中验钞机、医院病房消毒都是利用的紫外光。

2）荧光和磷光

在宝石学中常常用不同波长的紫外光发射源来观察宝石的发光性，宝石的发光性分为两种：荧光和磷光。

荧光是指宝石在紫外光激发时发光，外来能量消失时发光也终止的现象（图2-3-52、图2-3-53）。

磷光是指宝石在紫外光激发时发光，外来能量消失后仍然持续一段时间发光的现象（图2-3-54）。

图2-3-51 宝石的荧光（左为碧玺，右为红宝石）强反射光下，左边红色无荧光的碧玺颜色不均匀，右边红色强荧光的红宝石颜色均匀。这也是强荧光的红宝石和它的无荧光仿制品之间的重要肉眼鉴定区别

图2-3-52 红尖晶石的荧光

图2-3-53 红宝石的荧光（对比无荧光的蓝色蓝宝石，具有荧光的红宝石更具有吸引力）

图2-3-54 塑料（人造硼铝酸锶的磷光）

3）影响要素

荧光的明显程度和宝石中的杂质种类、杂质含量、缺陷等要素有关系，因此同种宝石荧光不同。当宝石中含有铁时，往往会遏制宝石荧光的出现，因此铁也被称之为荧光淬灭剂（图2-3-55～图2-3-57）。

2. 发光性的观察要点

①除了红宝石、红尖晶石等少数宝石之外，绝大部分宝石荧光的观察需要借助特定能量的紫外光。

②使用特定能量紫外光观察宝石发光性必须在黑暗的背景下。

③观察时间为外来能量激发下到外来能量结束后的宝石现象。

④晶体类宝石发光性特征为：宝石整体明亮程度变化，而不是一个点、一条线或者表面的反光。

⑤大部分宝石在外来能量激发下的荧光颜色与在自然光下观察到的宝石颜色不同，不同强度能量激发下同一宝石荧光颜色会有差异，同一宝石的磷光和荧光可能不同。

⑥未提及其他要素不影响发光性观察结果。

3. 发光性的描述方法

使用肉眼观察宝石发光性描述格式：有、无。

使用特制的紫外荧光灯观察宝石发光性描述格式：测试紫外光类型，宝石发光强度及颜色，例如：长波紫外光，强，蓝色。其中对于强度可使用下列词语进行描述：强、中、弱、无。这里需要特别指出的是在描述蓝白色荧光颜色的时候常常会使用“白垩色”这个词。

图2-3-55 正常光源下的仿钻

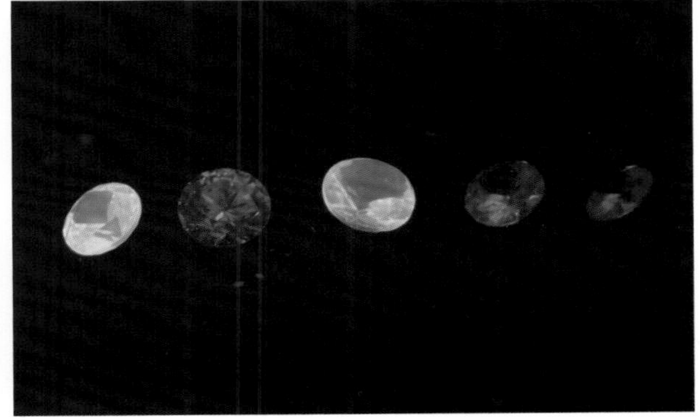

图2-3-56 长波紫外光下仿钻的荧光，肉眼无法观察

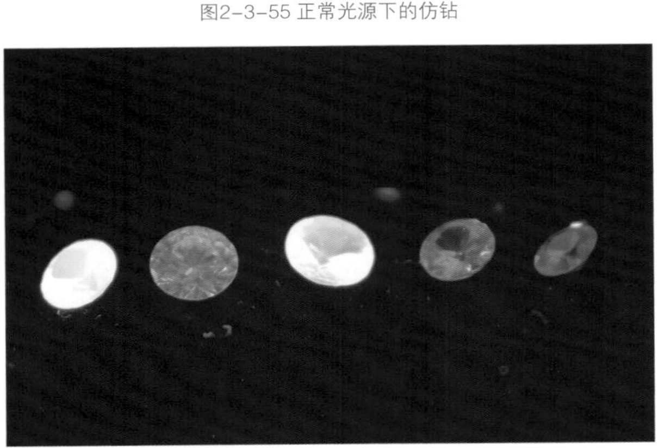

图2-3-57 短波紫外光下仿钻的荧光，肉眼无法观察

六、晶体的特殊光学效应

1. 特殊光学效应的定义

当光照到宝石表面时，宝石展示出的颜色或者星点状、条带状亮带的现象，并且随着光源或者宝石的相对移动，颜色会出现闪烁、移动、变化的现象（图2-3-58）。某些特殊光学效应必须在两种不同的光照条件下宝石才会呈现出颜色的变化。

2. 特殊光学效应的观察要点

①绝大部分宝石的特殊光学效应都需要使用反射光来观察，最好使用一个手电筒照射宝石使得现象更加明显。

②特殊光学效应中的变色效应必须在不同光源下才能观察到，例如白天的自然光和晚上的灯光。

③未提及其他要素不影响特殊光学效应观察结果。

3. 特殊光学效应的描述方法

宝石特殊光学效应有猫眼效应、星光效应、变色效应、砂金效应、变彩效应、月光效应、晕彩效应这7种，有些教材中会将变彩效应、月光效应、晕彩效应统称为晕彩效应。

上述几种特殊光学效应中只有猫眼效应、星光效应和变色效应参与宝石定名，其他特殊光学效应均不参与定名 。

本书将会涉及到的是晶体中常见的猫眼效应、星光效应、变色效应、砂金效应、月光效应、变彩效应。

图2-3-58 具有特殊光学效应的宝石（涵盖晶体、集合体、非晶体、有机宝石）

1）猫眼效应

定义：是指弧面型宝石在光线照射下，在宝石的表面有一条亮带，随着光源和宝石的摆动，光带在宝石表面作平行移动的现象（图2-3-59、图2-3-60）。

成因：宝石能够观察到猫眼效应必须具备弧面型、定向切割和宝石内部有一组定向密集平行排列包裹体三个条件（图2-3-61～图2-3-64）。这种现象的出现与宝石是否为哪个晶族、晶系宝石无关，与宝石是否为晶体无关，这种现象也会出现在集合体和非晶体中。

识别方法：用反射光照射弧面型宝石凸起的部分，会发现有一条亮带，并且这条亮带会随着光源或者宝石位置的相对移动而移动（图2-3-65）。

图2-3-59 猫在强光下瞳孔呈现线状

图2-3-60 具有猫眼现象的宝石(矽线石)

图2-3-61 具有猫眼效应的宝石将亮带部分放大后所观察到的密集平行排列的包裹体

图2-3-62 具有猫眼效应的宝石将亮带部分放大后所观察到的密集平行排列的包裹体

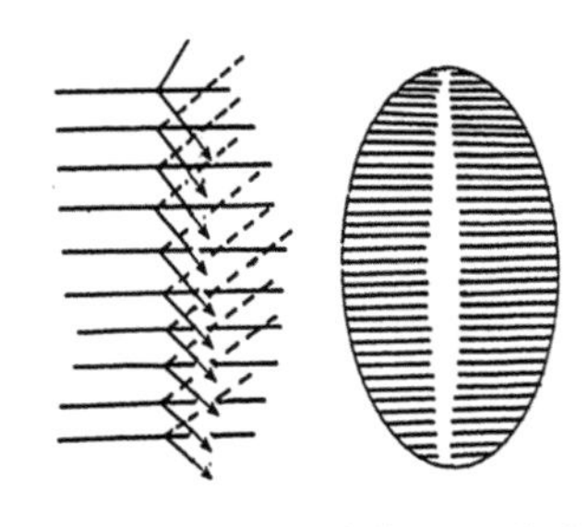

图2-3-63 出现猫眼现象的原因是有垂直猫眼亮带密集平行排列包裹体

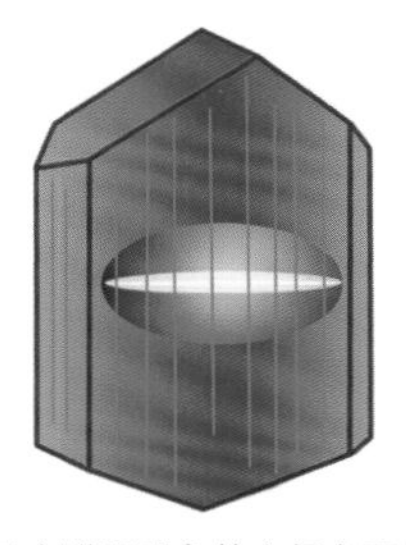

图2-3-64 具有猫眼现象的金绿宝石晶体切磨的时候弧面型的底部平面必须和密集平行排列包裹体平行，否则会看到歪斜的亮带

图2-3-65 具有猫眼效应的宝石(夕线石)在光源移动时，猫眼眼线移动的对比图

2）星光效应

定义：弧面型宝石在光线照射下，宝石表面呈现出的两条、三条或六条相交亮带的现象。如果是两条亮带相交称之为四射星光，三条亮带相交称之为六射星光，六条亮带相交则称之为十二射星光。星光效应中的亮带也会被称之为星线。

成因：宝石能够观察到星光效应必须具备弧面型、定向切割和宝石内部有两组、三组或者六组定向密集平行排列包裹体三个条件（图2－3-66、图2-3－67）。这种现象多出现在晶体宝石中，尤其是中级晶族、低级晶族宝石中。

识别方法：用反射光照射弧面型宝石凸起的部分，会发现有两条、三条或者六条亮带，并且这条亮带会随着光源或者宝石位置的相对移动而移动（图2-3-68、图2-3-69）。某些特殊的宝石是要用透射光穿过弧面型宝石才能观察到星光效应，这种情况也叫作透星光。

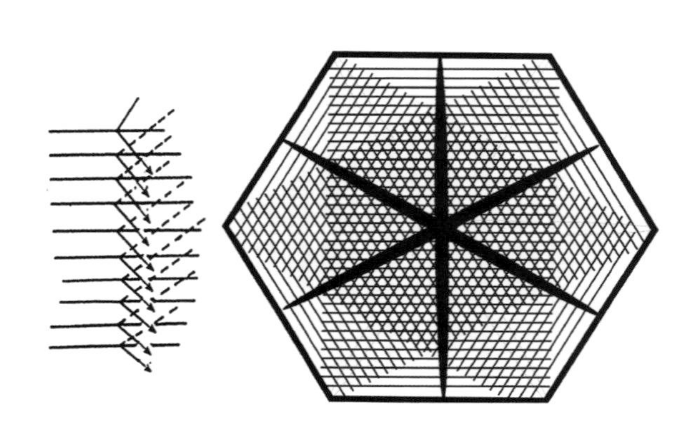
图2－3-66 星光效应成因素描图

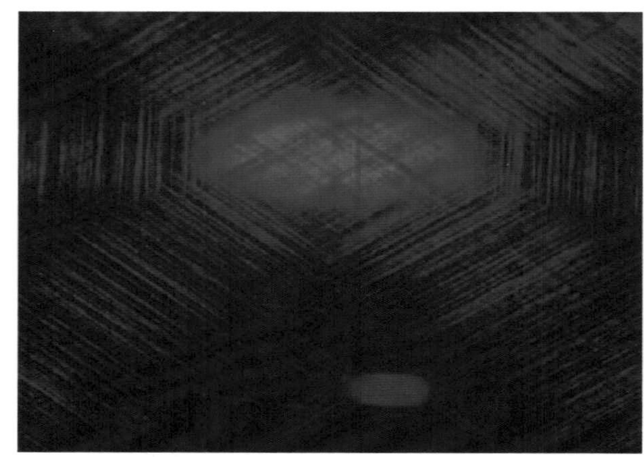
图2-3-67 星光蓝宝石中三组定向的密集平行排列包裹体（30×，暗域照明法）

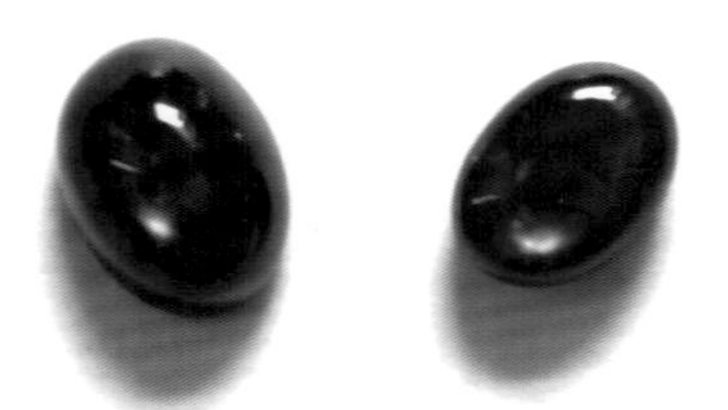
图2－3-68 常光下星光蓝宝石

图2-3-69 星光蓝宝石光源移动时的星线移动情况

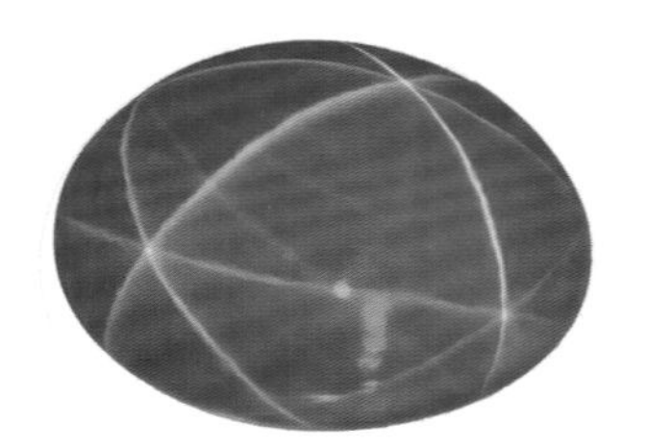
图2-3-70 星光石英

在石英中，由于含有多组定向排列包裹体，可在不同方向呈现六射星光（图2－3－70）。

在晶体宝石中出现三种情况容易和星光效应混淆，这些现象的共同点就是“星线”是固定的。第一种叫达碧兹（Trapiche），也叫作死星光，和星光效应看起来很像，但是具有达碧兹现象中出现的不是交叉的亮带，而是出现由白色或者黑色矿物组成的，相隔60° 的六条射线，并且六条射线不会随着光源的移动而移动，这种现象通常出现在中级晶族结晶习性中有六棱柱的宝石中，如祖母绿、红宝石、水晶等（图2-3-71、图2-3-72）。第二种是由于定向排列的内含物造成的类似星光的现象，如发晶（图2-3-73）。第三种是由于晶体宝石生长时碳和黏土等黑色碳质物包裹体的加入使得宝石形成特别的图案，例如红柱石中的空晶石特征就是黑色碳质物包裹体定向排列，在横断面上呈十字形（图2-3-74）。

图2-3-71 达碧兹红宝石

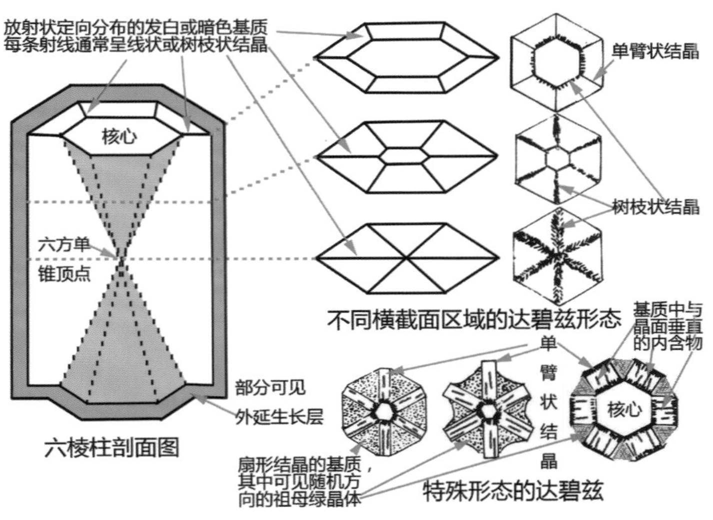

图2-3-72 达碧兹的形态（ Isabella Pignatelli etc. 2015）

图2-3-73 金发晶

图2-3-74 红柱石晶体（斜方晶系宝石，横截面常为正方形）

3）变色效应

定义：宝石在不同光源照射下，呈现不同颜色的现象。

成因：宝石中含有适量的铬（Cr）或者钒（V）时就可以呈现这个现象，与宝石的天然性无关，与宝石是否被切磨无关，晶体原石、合成宝石中均可见变色效应。

识别方法：用两种不同色温的反射光（通常是白天的自然光和夜晚烛光下）照射宝石，宝石会呈现截然不同的两种颜色（图2-3-75）。

4）砂金效应

定义：当透明宝石含有不透明片状固体包裹体时，不透明片状固体包裹体对于光线反射而产生的一种星点状反光的现象（图2-3-76、图2-3-77）。

成因：当透明—半透明宝石含有不透明—半透明片状固体包裹体的时候（图2-3-78、图2-3-79），可见砂金效应，日光石、堇青石中常见。该现象与宝石天然性无关，与宝石是否被切磨无关。

识别方法：用反射光照射宝石，宝石内部呈现星点状反光，随着光源或者宝石位置的相对移动，星点状反光会闪烁（图2-3-80）。

图2-3-75 合成刚玉的变色效应

图2-3-76 日光石（橙红色、半透明）

图2-3-77 日光石（浅橙红色，透明）

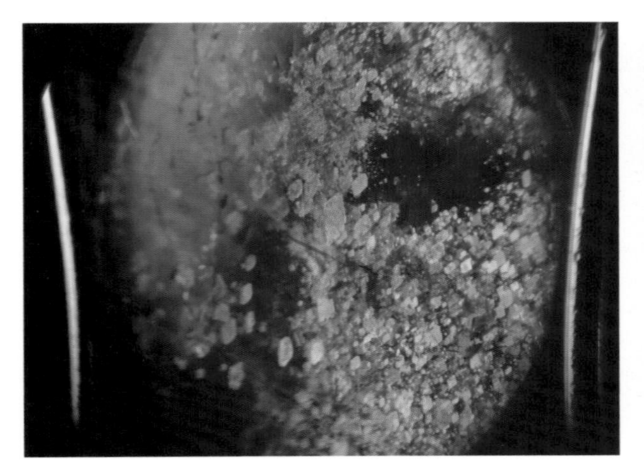

图2-3-78 日光石内含物放大特征（10×,垂直照明法）

图2-3-79 日光石内含物放大特征（40×,暗域照明法）

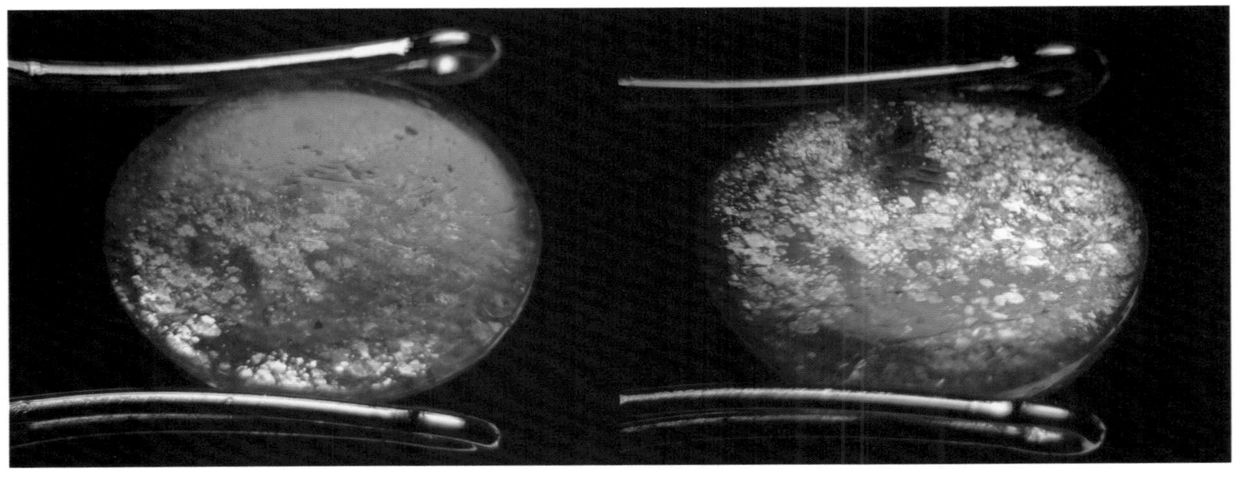

图2-3-80 反射光下相对移动光源或日光石，日光石内部星点状反光的闪烁

5）月光效应

定义：入射光在宝石内部发生散射作用，从而在宝石表面局部区域产生明亮的蓝色光或者乳白色光的现象。月光效应与其他特殊光学效应可同时出现，例如月光石猫眼、光谱月光石等（图2-3-81）。

成因：月光效应在月光石中常见，月光石是钠长石、钾长石两种成分层状交替平行排列的宝石矿物，每种成分平行层的厚度在50～100nm之间。这种层状交替结构对入射光进行散射，使得宝石表面产生一种可游移颜色。一般来说，平行层越厚，游移颜色的饱和度越低，灰白色越明显。如蓝色月光石，在反射光下，因蓝紫光强烈散射，从正面可观察到蓝色的月光效应，其他色因光散射程度较小，将大部分透过样品复合成蓝紫光的补色光——橙黄光（图2-3-82）。

识别方法：用反射光照射宝石，宝石表面特定方向呈现一层朦胧的颜色，随着光源或者宝石位置的相对移动，朦胧的颜色会移动。在产生月光效应的位置附近作不大的转动，月光效应不发生色调的变化，当转动过大时，将看不到月光效应（图2-3-83～图2-3-86）。

图2-3-81 月光石（月光石由于多为无色的宝石，在黑色背景上观察效应更加明显）

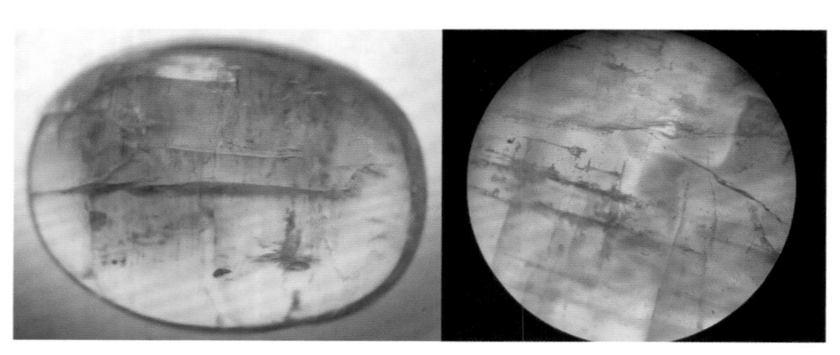

图2-3-82 月光石的散射（左图为透射光下，月光石橙黄色的散色，右图为反射光下月光石蓝紫色和黄色的散色混合）

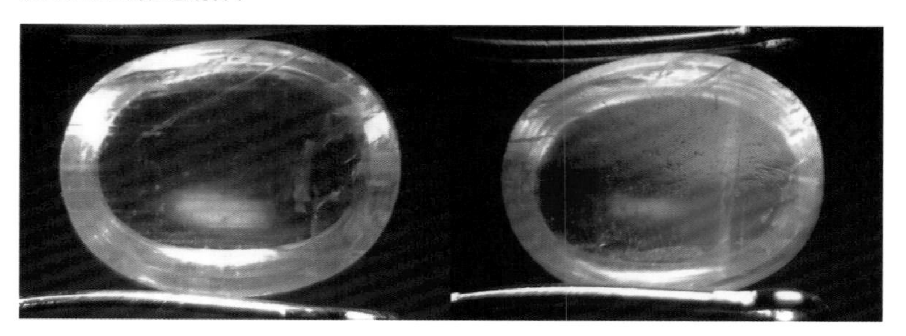

图2-3-83 月光效应（月光石、蓝月光）

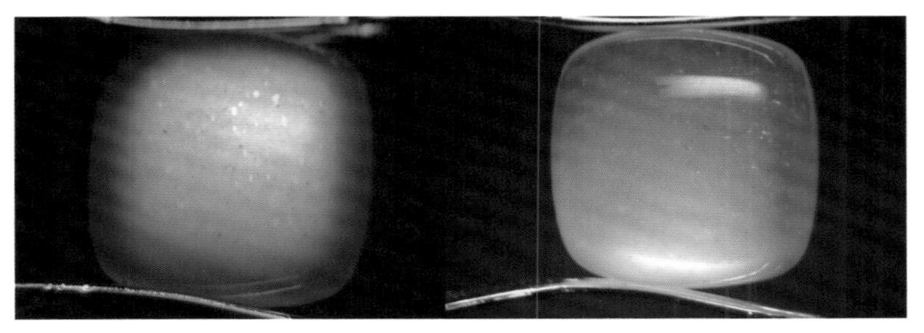

图2-3-84 月光效应（月光石、白月光）

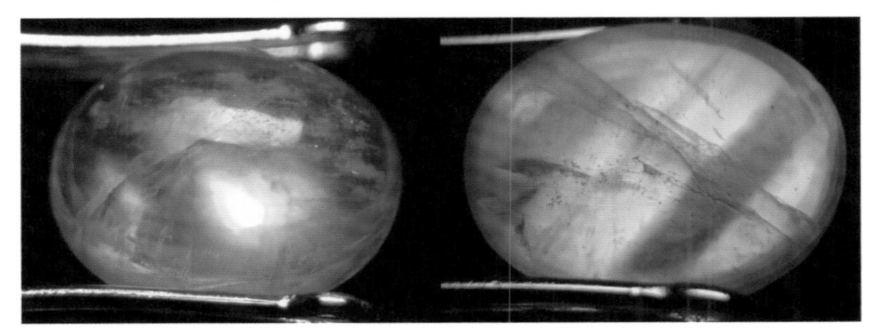

图2-3-85 月光效应（月光石、光谱月光）

图2-3-86 月光效应（月光石，月光石猫眼）

图2-3-87 拉长石

6）变彩效应

变彩又称游彩。

定义：随着光源或观察角度的不同，宝石表现出的颜色闪动的变化称为变彩效应。能产生变彩效应的集合体宝石有拉长石（图2-3-87）。

成因：光从特定结构构造的宝玉石中反射或透射出时，因衍射和干涉作用，其颜色随光照方向或观察角度不同而改变。

识别方法：用反射光照射宝石，有变彩的宝玉石即使光照方向、观察角度不改变，只要移动宝玉石，也将看到它的彩片颜色在逐步地过渡为另一种颜色。

同一粒宝石上，色彩不同的部位称为彩片，其形态、大小多不相同。它们的边缘多不规则，而且是从这一彩片过渡到另一彩片（仿欧泊的变彩玻璃、塑料或合成欧泊的彩片，其边缘多为规则的锯齿状）。

变彩所呈现的光谱可以是从紫到红的全色变彩，也可以是从紫到绿的二色或三色变彩。

七、晶体的色散

1. 色散的定义

色散是当白色复合光通过具有棱镜性质的材料时，复合光分解而形成不同波长光谱的现象。可以简单表述为宝石将白光分解成七色光的能力，也可以理解为在光源下晃动宝石，刻面型宝石内部可见的五颜六色的现象（图2-3-88）。市场上通常叫作“出火”或者“火彩”，是在讨论到钻石的时候最容易涉及到的专业名词。

色散是刻面型的晶体类宝石特有的现象。色散与宝石天然性无关，人工宝石也能观察到色散现象，例如人造钛酸锶、合成金红石、合成立方氧化锆、合成碳化硅、人造钇铝榴石（图2-3-89）等。色散和宝石的晶系无关，例如等轴晶系的钻石、六方晶系的合成碳化硅均可见色散。

在实际宝石鉴定中，在“全内反射”刻面型中不同宝石所呈现的色散的颜色、区域不同，因此可以帮助我们快速区分钻石及其仿制品（图2-3-90、图2-3-91）。

2. 色散的观察要点

①使用透射光观察宝石特定方向的色散，为了使得现象更加的明显，建议从亭尖部分向冠部台面方向观察（图2-3-92）。

②当宝石内部含有明显内含物（杂质）的时候，降低宝石的透明度时，可能会影响色散的观察。

③同样明显程度的色散（也可以描述为色散率相同的宝石），其他条件相同的情况下颜色深的宝石比颜色浅的宝石难观察（图2-3-93）。

④色散是在刻面型晶体类宝石中常见现象之一，琢型的好坏（确切来说是琢型是否能够将进入宝石光线进行“全内反射”程度）会影响色散的明显程度。

⑤未提及其他要素不影响色散观察结果。

3. 色散的描述方法

对于色散这个现象，我们通常描述的是其观察难度，例如明显、不明显。

图2-3-88 钻石的色散（图中有色区域，随着宝石的转动，色散颜色的区域和种类均出现变化）

图2-3-89 人造钇铝榴石的色散（图中有色区域，随着宝石的转动，色散颜色的区域和种类均出现变化）

图2-3-90 钻石的色散

图2-3-91 合成碳化硅（常见仿钻之一）的色散

图2-3-92 翻转角度后钻石的色散消失

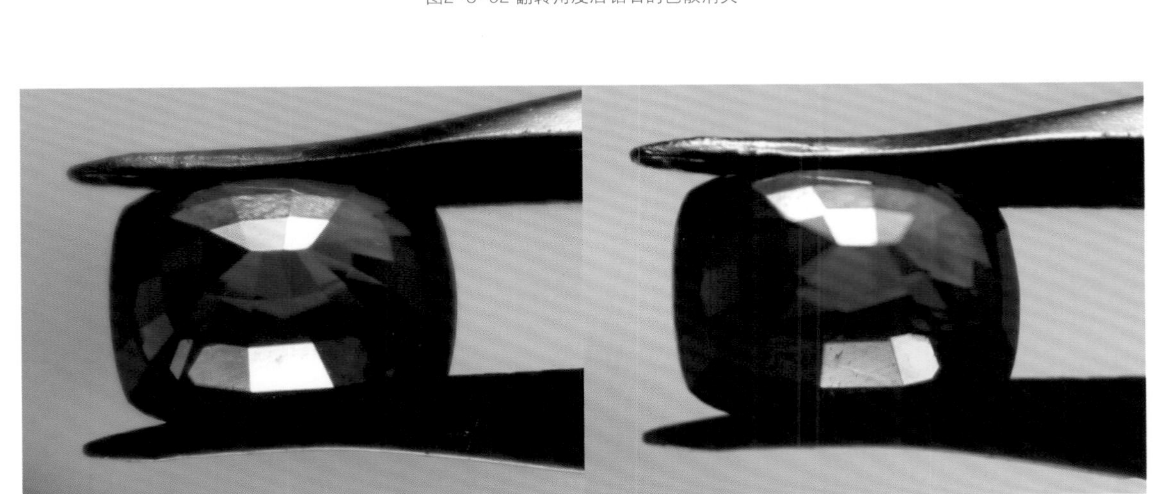

图2-3-93 蓝宝石的色散不易观察

八、使用实验室常规鉴定仪器时与晶体相关的光学名词释义

1. 均质体、非均质体

1）均质体

定义：宝石中光学性质各向同性的种类。包括等轴晶系的宝石，也包括一些非晶体与透明至半透明的有机宝石（图2－3-94～图2-3-96）。

识别方法：加工之前的均质体可以通过外形初步判断，加工之后的均质体绝大部分通过仪器才能区分，例如观察宝石在折射仪是否为单折射，放大观察是否无重影，偏光镜下是否为全暗或者异常消光。

2）非均质体

定义：宝石、矿物中光学性质各向异性的种类。包括属于三方晶系（图2-3-97）、四方晶系（图2-3-98）、六方晶系（图2-3-99），斜方晶系（图2-3-100）、单斜晶系（图2-3-101）、三斜晶系（图2-3-102）的宝石。

识别方法：加工之前的非均质体可以通过外形准确识别，加工之后的非均质体部分宝石如果具有肉眼可以观察到的多色性，可以准确识别，但是大部分非均质体需要通过折射仪、显微镜、偏光镜、二色镜才能区分。

图2－3–94 高级晶族等轴晶系的宝石（钻石）

图2－3–95 非晶体（天然玻璃）

图2－3–96 有机宝石（黄色透明的琥珀）

图2－3–97 中级晶族三方晶系的碧玺

图2－3-98 中级晶族四方晶系的锆石

图2－3-99 中级晶族六方晶系的祖母绿

图2－3-100 低级晶族斜方晶系的托帕石

图2－3-101 低级晶族单斜晶系的锂辉石

图2－3-102 低级晶族三斜晶系的天河石

2. 单折射、双折射、双折射率

单折射是指光线进入透明至微透明均质体后，入射角度发生改变，光线不分解的现象。

双折射是指光线进入透明至微透明非均质体后，入射角度发生改变，光线分解为两束的现象（图2-3-103）。两束光中遵循光的折射定律称之为常光，不遵循光的折射定律称之为非常光。

双折射是非均质体宝石的现象之一，某些双折射特别大的宝石可以用肉眼观察到重影现象（图2-3-104、图2-3-105）。

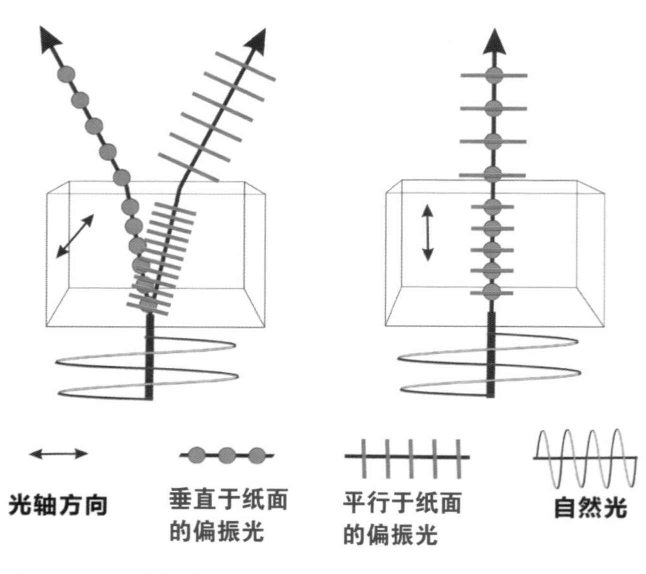

图2-3-103 双折射（中、右两图为平行光轴方向进入的入射光不发生分解示意图，左图为其他方向光线进入宝石发生分级示意图）

图2-3-104 双折射宝石的重影现象

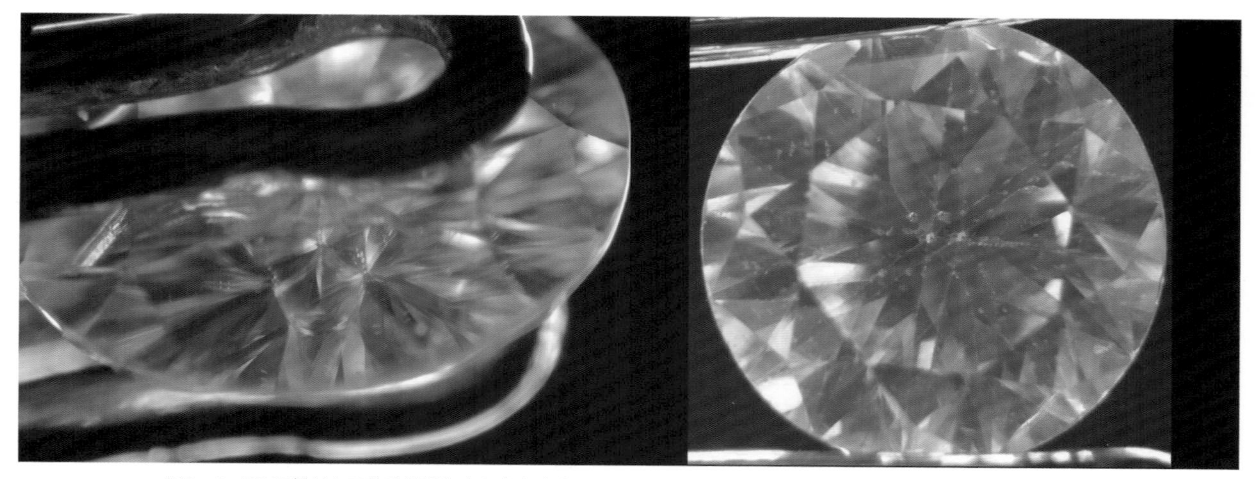

图2-3-105 双折射宝石的重影现象（左边合成碳化硅的双折射率为0.043，右边合成金红石的双折射率为0.287）

3. 光轴、光率体、一轴晶、二轴晶

1）光轴

光线进入非均质体后通常会发生双折射，但是在中级晶族的宝石中，有一个方向是入射光线进入后不分解的；在低级晶族的宝石中，有两个方向是入射光线进入后不分解的。我们会把非均质体宝石光率体中这种入射光进入后不分解的一到两个方向叫作光轴，在晶体光学中用OA表示。

2）光率体

一个假想的封闭球体，其半径等于被测宝石各个方向折射率。虽然被测宝石折射率有差异，但是光率体总体来说形状只有两个：圆球体和椭球体。

均质体的光率体是球体。通过球体中心任何方向的切面都是圆切面，其半径代表均质体宝石的折射率值（图2－3-106）。非均质体的光率体为椭球体，其中中级晶族光率体为横截面是圆形的椭球体（图2－3-107），低级晶族光率体为横截面是椭圆形的椭球体（图2-3-108）。

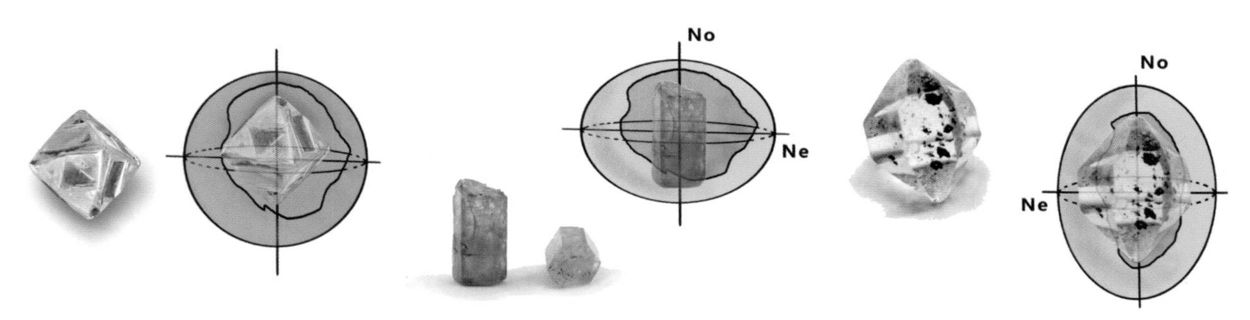

图2－3-106 均质体的光率体

图2－3-107 一轴晶光率体（No是遵循光学定律的光折射方向，Ne是不遵守光学定律的光折射方向，也称非常光方向，OA方向与No重合，横截面是圆形，OA表示光轴方向）

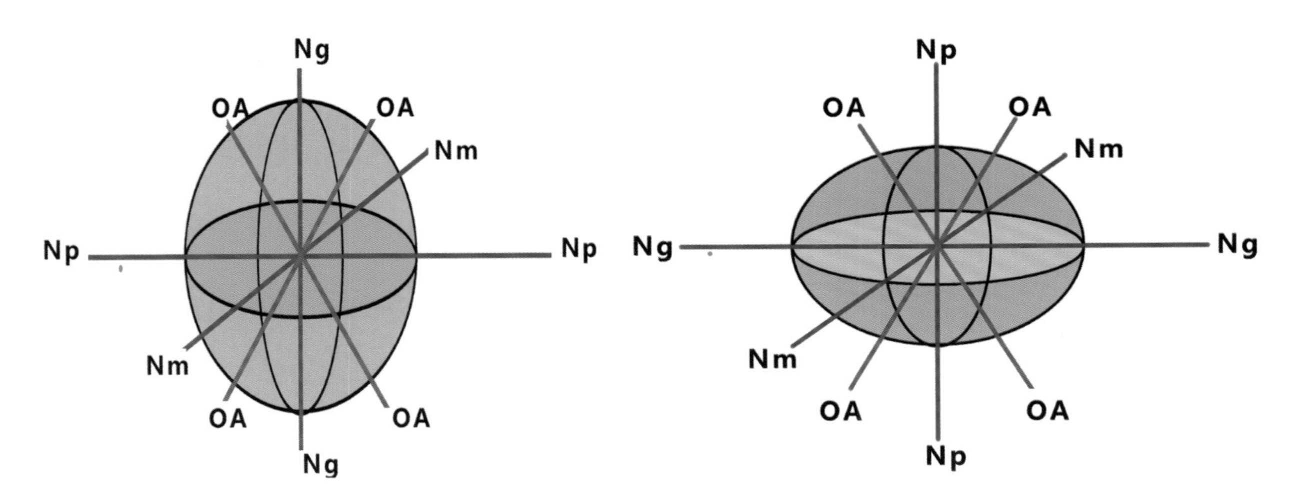

图2－3-108 二轴晶光率体（Ng、Nm、Np是宝石的折射率，其中Ng是最大折射率，Np是最小折射率，Nm是Ng和Np的平均值，OA表示光轴方向，横截面是椭圆形）

3）一轴晶

有一个光轴的非均质体宝石叫作一轴晶。中级晶族的宝石都是一轴晶宝石（图2－3-109）。例如碧玺、水晶、红宝石、蓝宝石等所有三方晶系宝石，锆石等所有四方晶系宝石，绿柱石族、磷灰石等所有六方晶系宝石。

晶体形态较为完美的宝石可以通过外形直接判断是否为一轴晶。

晶体形态不完美和加工之后的宝石无法通过外形判断是否为一轴晶宝石（图2－3-110），只有在折射仪（图2－3-111）或偏光镜（图2－3-112）下观察到对应现象才能判定。

4）二轴晶

有两个光轴的非均质体宝石叫作二轴晶。低级晶族的宝石都是二轴晶宝石（图2－3-113）。例如托帕石、橄榄石等所有斜方晶系宝石，透辉石等所有单斜晶系宝石，拉长石、日光石、月光石等所有三斜晶系宝石。

晶体形态较为完美的宝石可以通过外形直接判断是否为二轴晶（图2－3-114）。

晶体形态不完美和加工之后的宝石无法通过外形判断是否为二轴晶宝石，只有在折射仪或偏光镜下观察到对应现象才能判定。

4. 色散率、全内反射

1）色散率

太阳光谱中B线（686.7nm）和G线（430.8nm）的光所测得的折射率的差值。或者更加简单地理解为同一宝石特定两个折射率的差值，每个特定的折射率都是在特定能量的光下测量的。

宝石的色散率一般很少去背记，只是用来查阅并且对比用的。

一般来说宝石色散率越高，在同等全内反射程度的刻面型宝石中越容易见到色散现象（图2－3-115）。

图2-3-109 中级晶族的碧玺，晶体形态较为完美，可通过外形直接判断为一轴晶

图2-3-110 加工后的宝石无法通过外形判断（左为祖母绿，右为碧玺）

图2-3-111 折射仪

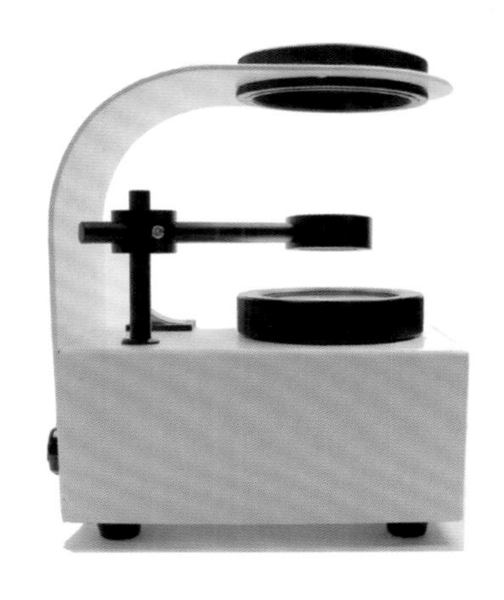

图2-3-112 偏光镜

图2-3-113 低级晶族的托帕石，晶体形态较为完美，可通过外形直接判断为二轴晶

图2-3-114 加工后的宝石无法通过外形判断

图2－3－115 色散率为0.028的人造钇铝榴石（左图为浅紫色和橘红色区域，右图为浅蓝绿色区域）

2）全内反射

光穿越实际光密度有大小差异的物质的时候会发生折射。当光线从光密介质进入光疏介质时，折射线偏离法线方向，折射角大于入射角。当折射角为90°时的入射角称为临界角，所有大于临界角的入射光线不能进入光疏介质而在光密介质内发生反射，并遵循反射定律（图2-3-116）。

在刻面型的切磨时如果利用到这个原理，即使宝石色散率很低也可以使得宝石中呈现明显的色散现象（图2-3-117）。

在钻石和仿钻的鉴别中也会运用到这个原理，通常被称为线条实验。这个实验的操作步骤及分析结果如下：将宝石按照最大的面向下，底尖向上的方向放在一张画有直线的纸上，如果能够通过宝石看到线条，则说明该宝石是仿钻，反之是钻石。特别需要注意的是，如测试宝石腰围长宽比偏离1∶1或者被测试宝石呈现亚金刚光泽或金刚光泽，则实验判断是错误的（图2-3-118～图2-3-121）。

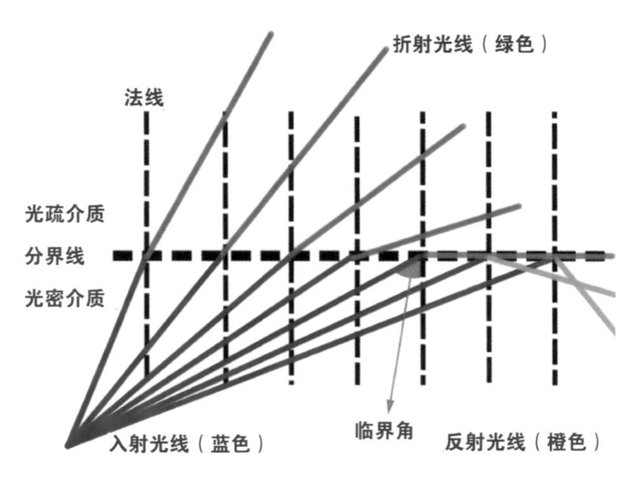

图2-3-116 全内反射示意图

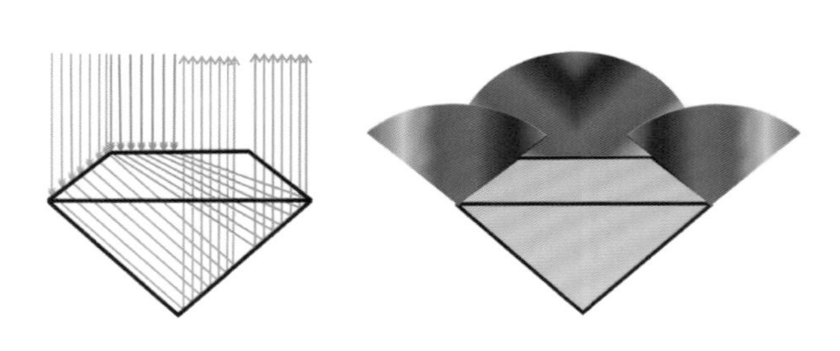

图2-3-117 标准圆钻型全内反射钻石光路示意图

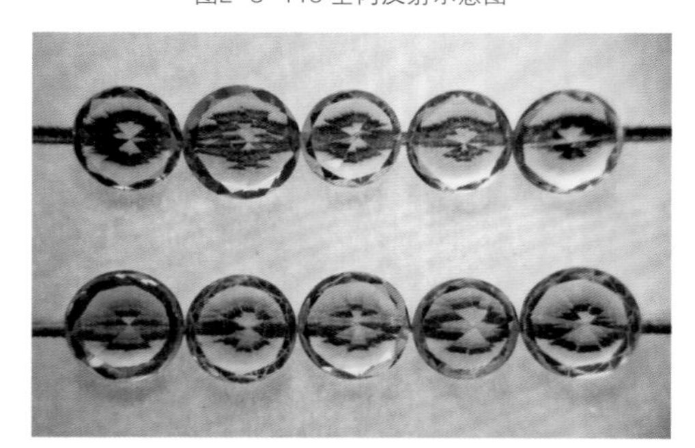

图2-3-118 通过仿钻均能看到宝石下方的直线且直线被分解为两条

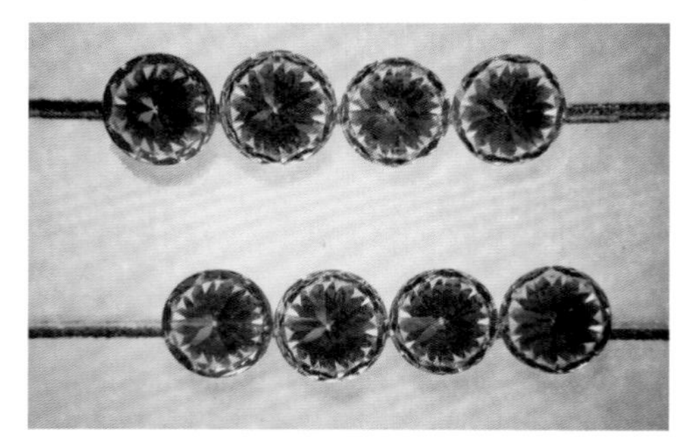

图2-3-119 通过钻石不能看到宝石下方的直线

图2-3-120 部分仿钻现象和钻石类似，也不能通过宝石看到其下方线条（第二行中间两个仿钻）

图2-3-121 对于宝石长宽比不等于1∶1的钻石，也能通过宝石看到下方直线（第二行钻石）

5. 自然光、偏振光

1）自然光

一般光源发出的光中，包含着各个方向的光矢量，在所有可能的方向上的振幅都相等(轴对称)，这样的光叫自然光。自然光用两个互相垂直的、互为独立的(无确定的相位关系)、振幅相等的光振动表示，并各具有一半的振动能量（图2-3-122）。

自然光是我们肉眼观察宝石的重要光源之一，可以获取的途径很多，例如晴天背阴处的光线、手电筒的光线、特定色温灯管的光线。

2）偏振光

光振动只沿某一固定方向的光叫作偏振光。在使用偏振光的时候会单独注明，未注明时默认为自然光（图2-3-123）。

偏振光获取的方式主要是让自然光穿过特制的偏振片产生偏振光，也可以让自然光穿过非晶体宝石产生偏振光。

偏振光可以用来解释宝石多色性的出现，宝石的双折射现象也是偏光镜的设计原理。

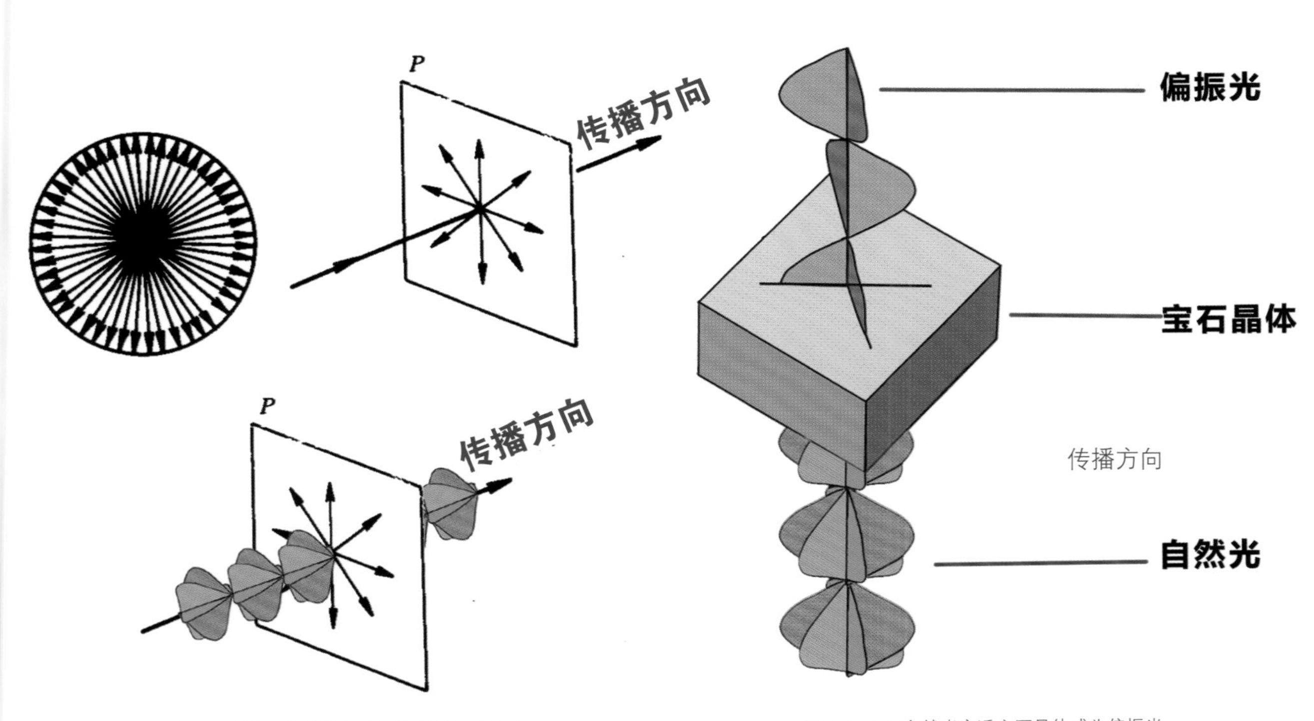

图2-3-122 自然光振动分布与传播方向关系

图2-3-123 自然光穿透宝石晶体成为偏振光

九、晶体光学名词关系小结

晶体中会涉及很多专业的名词，特别是光学名词之间的关系对于初学者而言难以理解，因此本书中特别小结了晶体中涉及的部分光学名词之间的关系（表1），未提及的光学名词是作为单独的一个现象存在，与其他光学名词之间无关系。

表1：晶体光学名词关系小结表

	晶体			肉眼观察能否判断	常用观察仪器
晶体分类	高级晶族	中级晶族	低级晶族	晶体形状典型的宝石可以肉眼观察到，一般需要借助仪器	折射仪 偏光镜 二色镜 显微镜
	等轴晶系	三方晶系、四方晶系、六方晶系	斜方晶系、单斜晶系、三斜晶系		
光性	均质体	非均质体			
	均质体	一轴晶 正光性或负光性	二轴晶 正光性或负光性	×	折射仪 偏光镜
光的折射	单折射	双折射 在某一个方向呈现单折射	双折射 在某两个方向呈现单折射	双折射率大的可以肉眼观察到，一般需要借助仪器	折射仪 偏光镜 显微镜
多色性	无多色性	强至弱的二色性	强至弱的三色性或强至弱的二色性	少数宝石可以，大部分需要借助仪器	二色镜
颜色	与是否为晶体及晶体分类无关，晶体颜色取决于晶体中的杂质元素及晶格缺陷			√	×
光泽	与是否为晶体及晶体分类无关，不管是哪类宝石抛光程度都会影响光泽			√	×
透明度	与是否为晶体及晶体分类无关，晶体透明程度很多时候取决于晶体内含物含量的高低			√	×
发光性	与是否为晶体及晶体分类无关，取决于晶体中的杂质元素及晶格缺陷			少数宝石可以，大部分需要借助仪器	紫外荧光灯
特殊光学效应	可能见到变色效应等	可能见到猫眼效应、星光效应、变色效应等	可能见到猫眼效应、星光效应、变色效应、砂金效应、月光效应	√	×
色散	该现象在晶体宝石中常见但是与晶体分类无关，色散是否明显取决于晶体色散率的高低及刻面琢型全内反射程度			√	×

课后阅读：为什么宝石有颜色

一、宝石传统颜色成因

在野外矿物鉴定中，有一条非常重要的证据叫作条痕色，它是将所获取的天然材料在没有上釉的白瓷板上摩擦留下矿物粉末，借助矿物粉末的颜色来鉴别某些特征矿物（表2）。根据文献记录，早在东晋时期，人们已经会使用条痕色来区分银金矿和自然金。

条痕色对于矿物的鉴别具有重要的意义。

①矿物的条痕色消除了假色，粉末状态下的矿物，各种对光有影响的界面都会消失，矿物的假色消失。

表2：矿物颜色、条痕色、透明度和光泽之间的关系

<table>
<tr><th>颜色</th><td colspan="4">无色</td><td colspan="4">浅色</td><td colspan="4">深色</td><td colspan="4">金属色</td></tr>
<tr><th>条痕色</th><td colspan="4">无色或白色</td><td colspan="4">无色或白色</td><td colspan="4">浅色或彩色</td><td colspan="4">深色或金属色</td></tr>
<tr><th>透明度</th><td colspan="6">透明</td><td colspan="5">透明</td><td colspan="5">不透明</td></tr>
<tr><th>光泽</th><td colspan="7">玻璃光泽至金刚光泽</td><td colspan="6">半金属光泽</td><td colspan="3">金属光泽</td></tr>
</table>

表3：宝石中常见致色元素

致色元素	原子序数	宝石颜色	宝石实例
铁Fe	26	红、蓝、绿、黄等颜色	蓝色蓝宝石、金绿宝石、海蓝宝石、碧玺、蓝色尖晶石、软玉、铁铝榴石、橄榄石、透辉石、符山石、堇青石等
铬Cr	24	绿色和红色	红宝石、祖母绿、翡翠、变石、钙铬榴石、红色尖晶石、翠榴石、镁铝榴石、碧玺等
锰Mn	25	粉色、橙色	红色绿柱石、菱锰矿、蔷薇辉石、锰铝榴石、查罗石、某些红色碧玺等
钴Co	27	粉色、橙色、蓝色	蓝色合成尖晶石、合成变石等
镨Pr 钕Nd	镨59 钕60	钕、镨常常共生在一起形成黄色和绿色	磷灰石、浅紫色合成氧化锆等
铀U	92	使得原本宝石颜色饱和度降低	锆石
钒V	23	绿色、紫色或者蓝色	钙铝榴石、黝帘石、合成刚玉（仿变石）等
铜Cu	29	绿色、蓝色、红色等	孔雀石、硅孔雀石、绿松石、蓝铜矿等
硒Se	34	红色	某些红色玻璃等
镍Ni	28	绿色	绿玉髓、绿欧泊等
钛Ti	22	蓝色	蓝宝石、蓝锥矿、托帕石等

②矿物的条痕色减弱了他色。

③矿物的条痕色突出了自色。

对于不透明矿物（主要是具有金属光泽的矿物），由于粉末无法反射光线，同时又不透光，因此条痕就是灰黑色的。而半透明矿物对光有一定的吸收，因此条痕和大块矿物的颜色差别不是很大。而透明矿物由于透光性好，几乎不吸收任何可见光，因此呈白色。

黄铁矿和斑铜矿属于具有金属光泽的矿物，因此条痕为黑色；显晶质的赤铁矿一般称为镜铁矿，为半金属光泽至金属光泽，实际上对于某些波长的光还是有一定的吸收，因此呈现一定的颜色，即红色；而菱锰矿实际上是透明矿物，因此条痕就是白色了。

矿物学家为了解释矿物大块固体颜色和条痕色之间的颜色差异，矿物学基于致色元素（表3）的假说，将矿物颜色划分为自色、他色和假色三种。这种假说同样适合矿物中的宝石。

1. 自色

由作为宝石矿物基本化学组分中的元素而引起的颜色，这些元素多为过渡金属离子。自色宝石颜色稳定（表4）。

2. 他色

由宝石矿物中所含致色元素引起的颜色。他色宝石颜色稳定。

①他色宝石纯净时呈无色，当含有微量致色元素时可产生颜色，不同的微量致色元素产生不同的颜色。如尖晶石、碧玺等（表5）。

②同一种元素的不同价态可产生不同的颜色，如含Fe^{3+}常呈棕色，含Fe^{2+}常呈现浅蓝色，例如海蓝宝石。

③同一元素的同一价态在不同的宝石中也可引起不同的颜色，如Cr^{3+}在刚玉中产生红色，在绿柱石的祖母绿中产生绿色。

3. 假色

假色与宝石化学成分没有直接作用，假色的宝石内常存在一些细小的平行排列的包裹体，如出溶晶片、平行裂理等。它们对光进行折射、反射、干涉、衍射等光学作用从而产生假色。某些特殊宝石琢型也会引起宝石的假色（表6）。

假色不是宝石本身所固有的，但假色能为宝石增添许多魅力。

表4：常见自色宝石颜色及其致色元素

宝石名称	化学成分	宝石颜色	致色元素
钙铬榴石	$Ca_3Cr_2(SiO_4)$	绿色	Cr
橄榄石	$(Fe，Mg)_2SiO_4$	黄绿色	Fe
孔雀石	$Cu_2(CO_3)(OH)_2$	绿色	Cu
菱锰矿	$MnCO_3$	粉红色	Mn
绿松石	$CuAl_6(PO_4)_4(OH)_8 \cdot 4H_2O$	蓝色	Cu
锰铝榴石	$Mn_3Al_2(SiO_4)$	橙色	Mn
蔷薇辉石	$(Mn，Fe，Mg，Ca)SiO_3$和SiO_3	紫红色	Mn
铁铝榴石	$Fe_3Al_2(SiO_4)$	红色	Fe

表5：部分他色宝石颜色及其致色元素

宝石名称	化学成分	宝石颜色	致色元素
尖晶石	$MgAl_2O_4$	无色	无
		蓝色	Fe或Zn
		褐色	Fe、Cr
		绿色	Fe
		红色	Cr
碧玺	$(Na，Ca)R_3Al_3Si_6O_{18}(O，OH，F)$，其中R主要为Mg、Fe、Cr、Li、Al、Mn等元素	无色	无
		红色	Mn
		蓝色	Fe
		绿色	Cr、V、Fe
		褐、黄色	Mg

表6：假色成因分类

成因分类	定义	实例
色散	白色复合光通过具有棱镜性质的材料时，复合光分解而形成不同波长光谱的现象	钻石、锆石、合成立方氧化锆、合成碳化硅、闪锌矿、人造钛酸锶、合成金红石等。
散射	光束在介质中传播时，由于物质中存在的不均匀团块，部分光线偏离原方向分散传播的现象	①可用散射解释的宝石颜色变化有蓝色系的月光石、蓝色石英、乳欧泊，紫色系的萤石，白色系的乳石英。 ②可用散射解释的特殊光学效应有猫眼效应、星光效应、砂金效应。 ③可用散射解释的光泽有变异光泽之一珍珠光泽。
干涉	同方向、同频率、有恒定初相差的两个单色光源所发出的两列光波的叠加的现象	①可用于解释由裂隙或解理的存在而引起的晕彩，如晕彩石英（图2-3-124）。 ②可用于解释特殊光学效应中的变彩效应，如欧泊。 ③可用于解释不透明的斑铜矿表面、合成碳化硅由氧化产生的锖色。没有宝石具有锖色（图2-3-125）。
衍射	光波在传播过程中遇到障碍物偏离几何路径传播的现象	

图2-3-124 晕彩石英

图2-3-125 锖色

二、宝石现代颜色成因

每一种假说都有自己的局限性，在近现代宝石矿物研究中，运用传统颜色成因矿物学家、宝石学家发现对于某些宝石矿物颜色的出现或改变是无法解释的，例如钻石颜色成因、辐照处理前后宝石颜色的改变等。

近现代物理和化学的发展弥补了传统颜色成因假说的不足，它以晶体场理论、分子轨道理论、能带理论和物理光学理论为基础，结合谱学方法对宝石的颜色解释。

近现代物质结构理论认为，物质由原子组成，原子由原子核和电子组成，电子在原子核外运动。电子和其他微观粒子的运动规律是用量子力学来描述。1913年，波尔提出假说认为原子存在具有确定能量的稳定态，即定态。每种原子可以有很多能量值不同的定态，每种定态按能量高低排列形成能级，其中能量最低的定态叫基态，其他叫作激发态。通常情况下，原子或离子都处于稳定状态，即处于基态，此时无辐射能量。如果原子或离子受到外界热能、电能等能量的作用，核外电子会吸收能量跃迁到激发态，但处于激发态的电子不稳定，约 10^{-8}秒后，电子又回到基态，同时伴随一部分能量以光的形式辐射出。

上述观点在宝石学中可以理解为，宝石出现颜色是因为宝石在光等外来能量的作用下，构成宝石化学成分原子中的电子，发生了电子由基态到激发态的电子跃迁，选择性吸收特定波长的光波，这一过程中电子跃迁的类型和吸收能量差异使得宝石最终呈现的颜色不同。表7是俄罗斯学者和美国学者较全面的总结，将宝石的颜色细分为12种类型，归属于4种主要理论。

表7：宝石现代颜色类型

对应 传统颜色成因	现代颜色成因 理论模式	现代颜色成因 类型	典型宝石
自色、他色	晶体场理论	过渡金属化合物	孔雀石、铁榴石、绿松石等
		过渡金属杂质	祖母绿、黄水晶、红宝石等
		色心	紫水晶、烟晶、萤石等
	分子轨道理论	电荷转移	蓝宝石、青金石等
		有机染色	琥珀、珊瑚等
	能带理论	导体	铜（Cu）、银（Ag）等
		半导体	方铅矿、淡红银矿等
		含杂质半导体	蓝色钻石、黄色钻石等
假色	物理光学理论	色散	刻面型钻石的“火”等
		散射	月光石等等
		干涉	晕彩黄铜矿等
		衍射	欧泊、斑铜矿表面锖色等

第四节 与晶体相关的力学性质释义

宝石的力学性质分为四大类七个现象，解理、裂理和断口属于一大类，另外三类分别是硬度、密度和韧性，在这里我们将会讨论到与晶体相关的解理、裂理、断口、硬度和相对密度。

解理、裂理、断口是晶体在外力作用下发生破裂的性质，它们的破裂特征及原因不同，是鉴定宝石和加工宝石的重要物理性质之一。

一、晶体的解理

1. 解理的定义

晶体在外力作用下沿着一定结晶学方向破裂成光滑平面的现象叫作解理，这些裂开的光滑平面称之为解理面（图2-4-1）。

解理可以用来区分不同的晶体。不同晶体的解理面完整程度、解理方向、解理交角都不同。解理是反映晶体构造的重要特征之一（图2-4-2），且相对晶体形态具有更为普遍的意义。不论晶体接近理想程度高低，只要晶体结构无变化，解理的特征不变，这是鉴定晶体的重要特征依据。

2. 解理的观察要点

用反射光观察在晶体或者宝石某个方向的破裂面，如果破裂面为平面且在晃动的过程中会呈现类似镜面的反光闪烁，那么这个破裂面叫作解理。

解理面不仅会出现在晶体中，在加工后的宝石中也可以见到解理，例如成品钻石的须状腰，月光石中蜈蚣状解理。

用反射光观察，解理面有些时候会呈现珍珠光泽（图2-4-3），在解理层之间也会见到干涉色（图2-4-4、图2-4-5）。

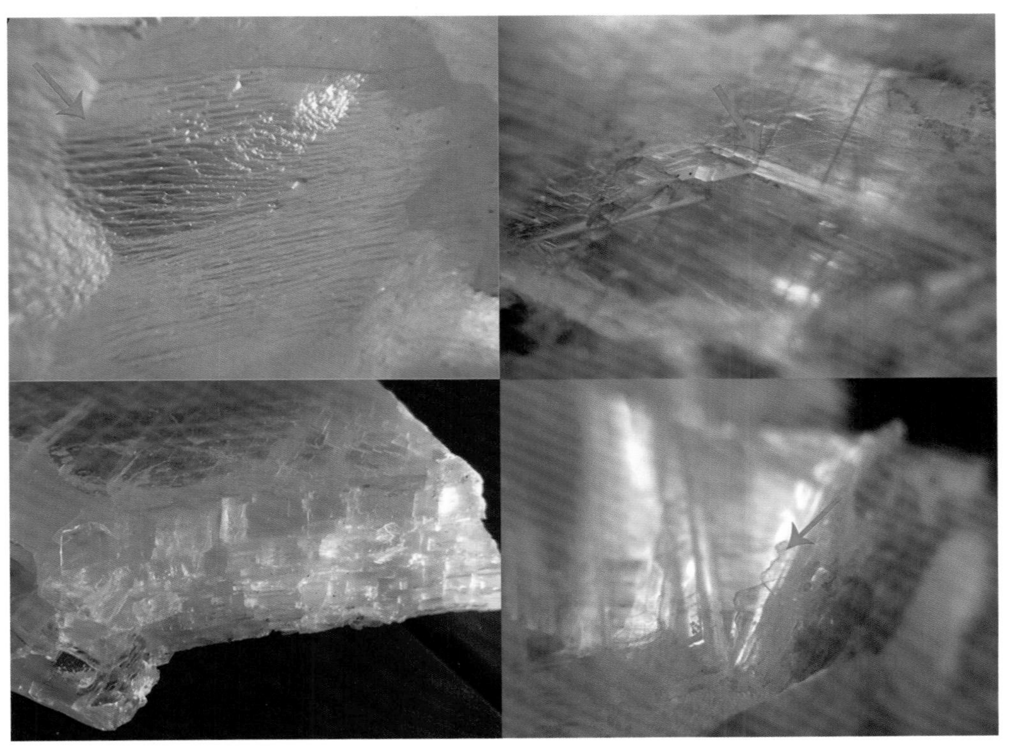

图2-4-1 实际解理形态（以石膏不同方向解理特征为例）

3. 解理的描述方法

解理的描述分为解理面完整程度、解理方向、解理交角三个方面。

1）解理面完整程度

依据解理的有无，完整平滑程度（也称发育完全程度）解理可分为极完全解理、完全解理、中等解理、不完全解理四类（表1）。

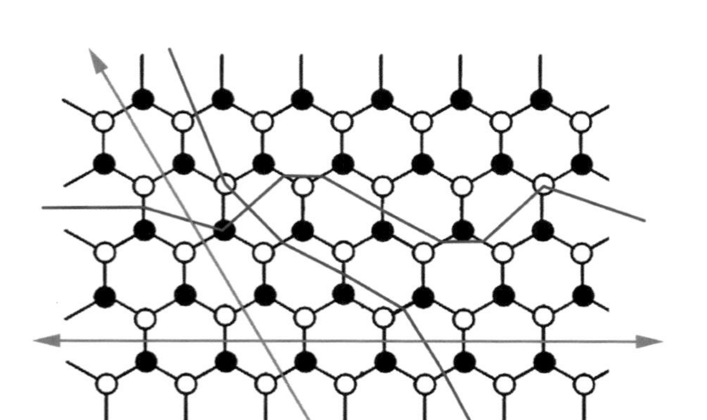

图2-4-2 晶体内部断口和解理模拟图（红色为解理方向、蓝色为断口方向）

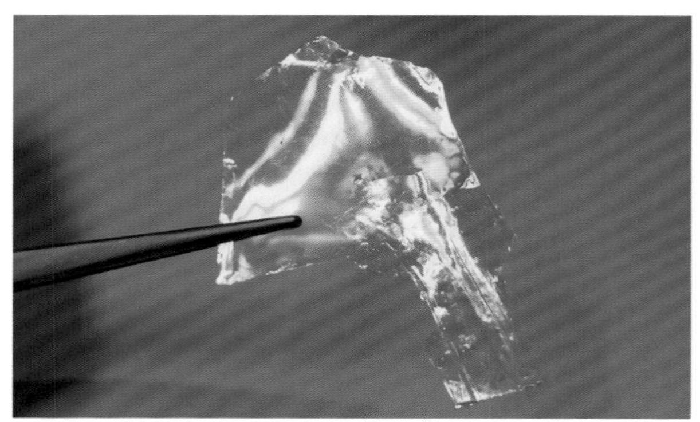

图2-4-3 云母极完全解理面的珍珠光泽

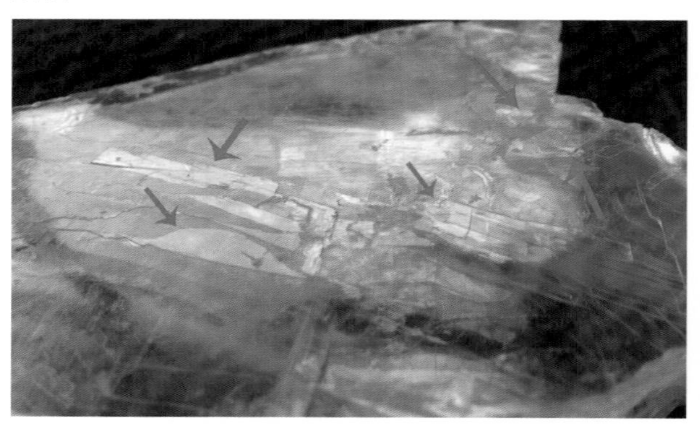

图2-4-4 石膏极完全解理层之间的干涉色

图2-4-5 石膏极完全解理层之间的干涉色

表1：解理级别及观察特点

解理级别	难易程度	解理面观察特点	实例
极完全解理	极易裂成薄片	光滑平整的薄片	云母、石墨等
完全解理	容易裂成平面或者小块，断口难出现	光滑平整闪光的平面，可以呈现台阶状	钻石、托帕石、萤石、方解石等
中等解理	可以裂成平面，断口较易出现	较平整的平面，不太连续、欠光滑	金绿宝石、月光石等
不完全解理	不易裂成平面，出现许多断口	不连续、不平整、带有油脂感	磷灰石、锆石、橄榄石等

极完全解理的晶体由于耐久性、加工性差，所以不适合用来做珠宝。例如云母（图2-4-6）、石墨。

除极完全解理外的其他程度解理的晶体可以用来作为宝石，例如完全解理的钻石、萤石（图2-4-7）、托帕石（图2-4-8）等。

在描述或者讨论解理的时候常常会使用发育这个词，这个词可以理解为容易出现，例如解理发育，意思是解理容易出现。

云母晶体

云母的极完全解理

云母的弹性

图2-4-6 云母

萤石

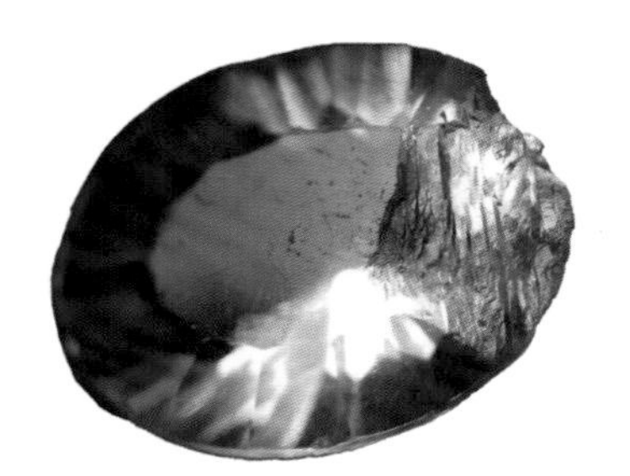
萤石的完全解理

萤石的完全解理

图2-4-7 萤石

托帕石晶体

托帕石的一组完全解理

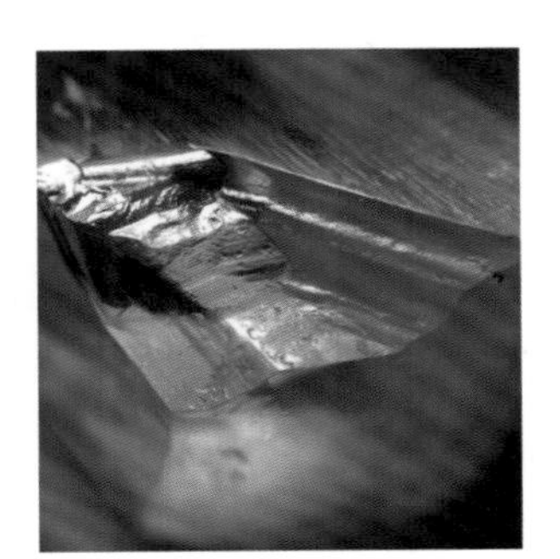
托帕石的阶梯状解理

图2-4-8 托帕石

2）解理方向

不同矿物的解理，可能有一个方向，也可能有多个方向。

常见的有一向（石墨、云母等）、二向（角闪石等）、三向（方解石等），此外还有四向（如萤石）、六向（如闪锌矿）解理（图2-4-9）。

由于解理是具有方向性的现象，因此在宝石加工的时候需要注意被加工宝石平面不能够与解理面平行，必须错开至少5° 夹角，否则会出现无论如何也无法将刻面打磨光滑明亮的现象。

3）解理交角

对于具有两个或两个以上方向解理的晶体或宝石，多个方向的解理是相互之间呈一定的角度关系，这种角度关系叫作交角（图2-4-10、图2-4-11）。

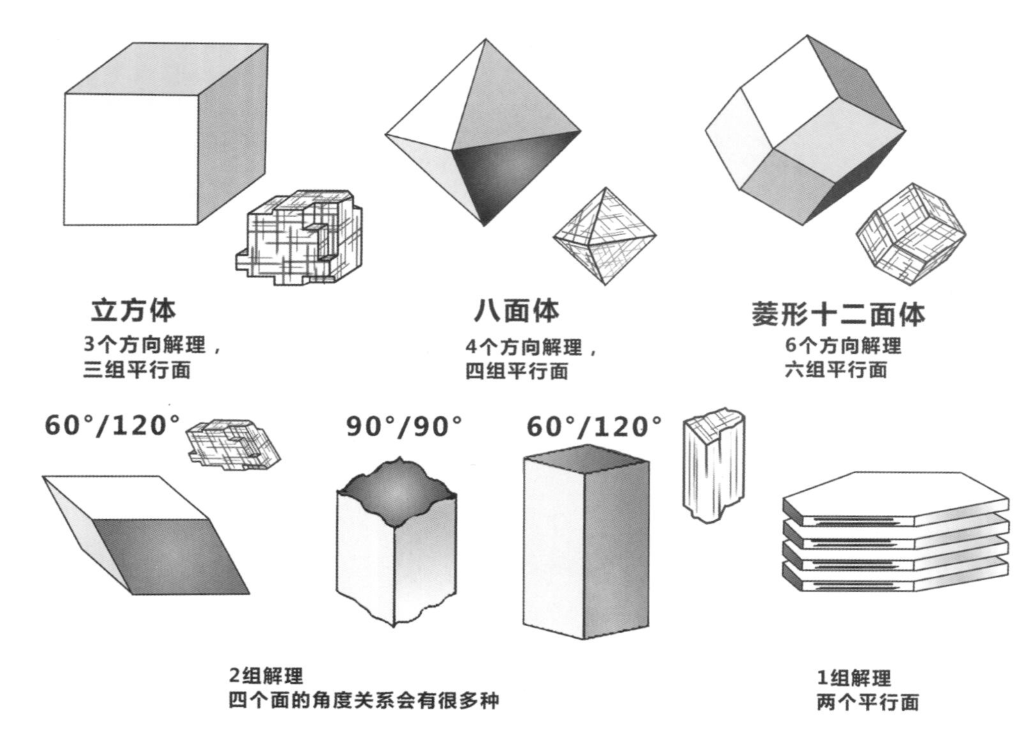

图2-4-9 解理的方向

图2-4-10 石膏的三向解理（红色箭头指带的三个不同方向的台阶状极完全解理）

图2-4-11 石膏解理交角120°

二、晶体的裂理

1. 裂理的定义

晶体在外力作用下沿着一定结晶学方向破裂成平面的现象。现象上与解理相似，裂面的光滑程度比解理差。

裂理与解理成因不同，裂理多出现在双晶结合面，尤其是某些聚片双晶宝石中，在宝石学中只出现在刚玉中（图2-4-12）。

2. 裂理的观察要点

①加工前的晶体可以使用反射光观察宝石裂理，发现宝石表面有一个到三个方向的呈现阶梯状的破裂面，类似解理（图2-4-13、图2-4-14）。

②加工后的宝石可以使用透射光观察宝石裂理，发现宝石内部有一个到三个方向的平行排列破裂面较光滑的裂隙（图2-4-15）。

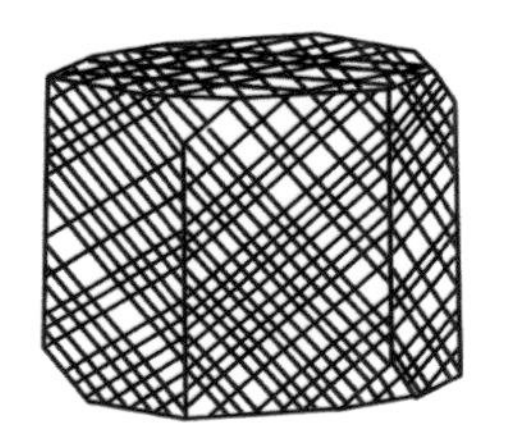
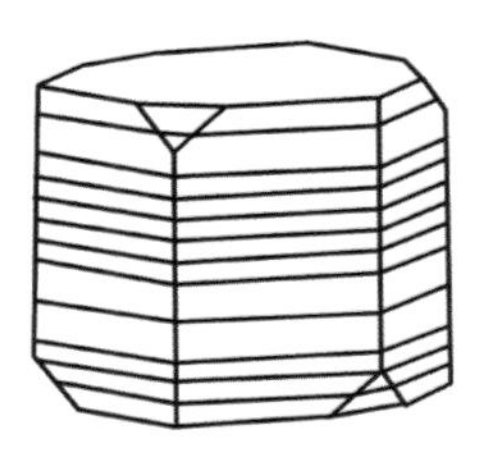

图2-4-12 刚玉晶体（左）及其裂理方向（右）

图2-4-13 刚玉的裂理（反光平面上的平行的纹路）

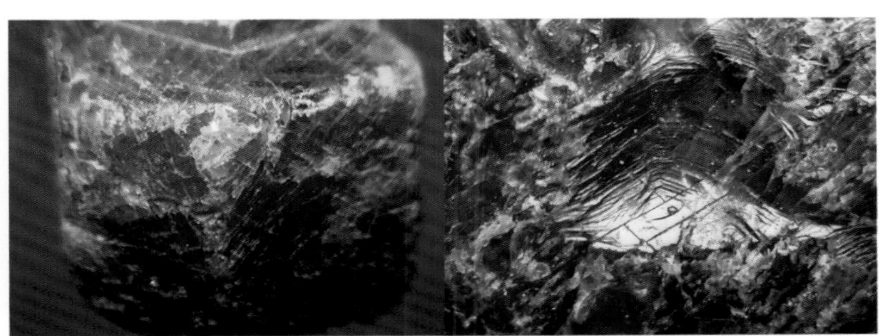

图2-4-14 反射光下刚玉的裂理（左为反光平面上的平行的纹路，右为阶梯状的破裂面）

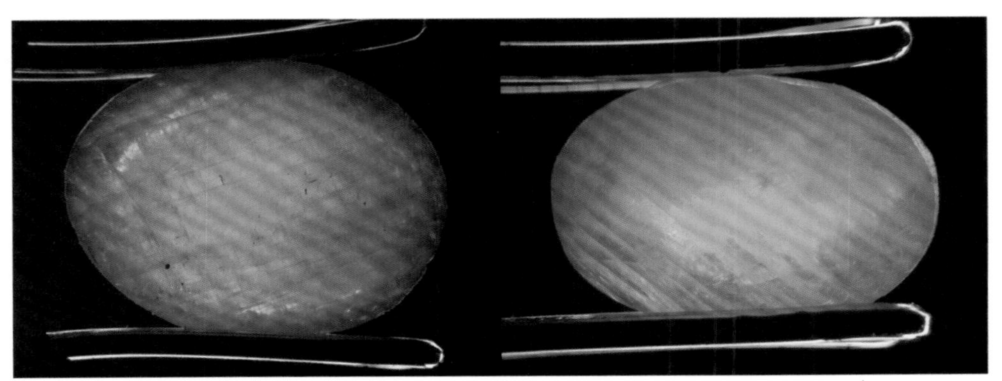

图2-4-15 透射光下红宝石的裂理（左边为交错方向的平行纹路，右边为单一方向10点到16点方向的纹路）

三、晶体的断口

1. 断口的定义

矿物受力后不是按一定的方向破裂，破裂面呈各种凹凸不平的不规则形状的现象称断口（图2-4-16）。断口的出现与否与宝石的天然性无关，天然宝石、人造宝石、合成宝石中均可见此现象。断口的出现与宝石的分类也无关，晶体、集合体、有机宝石、非晶体中均可见此现象。

2. 断口的观察要点

用反射光管观察在晶体或者宝石某个方向的破裂面，如果破裂面为不平滑的面且在晃动的过程中会呈现的反光闪烁，那么这个破裂面就叫作断口。

断口不仅会出现在晶体原石中，在加工后外形完整的宝石因跌落等外力后也容易出现断口（图2-4-17）。贝壳状断口多呈现油脂光泽。

3. 断口的描述方法

断口有别于光滑平整的解理面，它一般是不平整弯曲的面。我们描述多用类比法，借助生活中常见的现象来描述断口的形态，常用贝壳状、参差状等词。

晶体中常见的断口形状是贝壳状断口，在很多解理不发育的宝石中很容易见到这个现象。例如水晶、碧玺、人造钇铝榴石等（图2-4-18、图2-4-19）。

图2-4-16 水晶的断口（凹下去的为贝壳断口，平面上的纹路是生长纹）

图2-4-17 左为碧玺的断口，右为石榴石的断口（多个断口叠加）

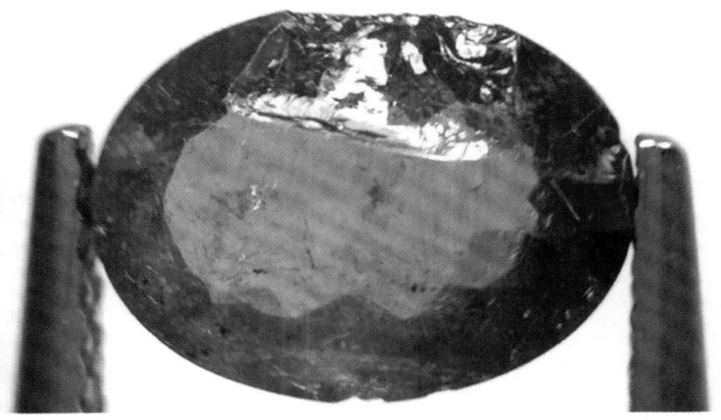

图2-4-18 反射光下，天然宝石表面具有油脂光泽的贝壳状断口（左为紫晶，右为碧玺）

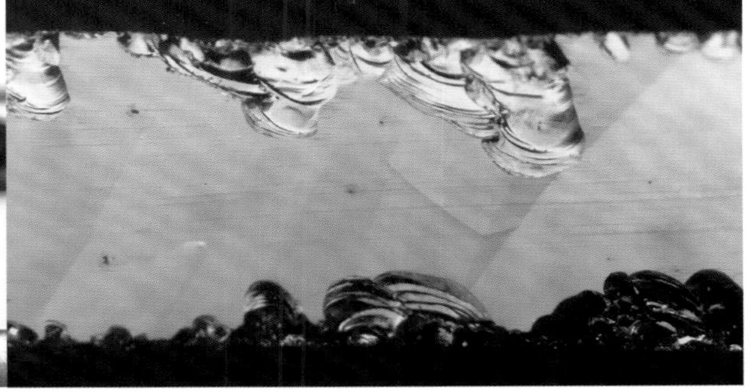

图2-4-19 反射光下，人工合成宝石表面具有油脂光泽的贝壳状断口（左为人造钇铝榴石，右为水热法合成祖母绿晶体）

四、晶体的硬度

1. 硬度的定义

硬度，物理学专业术语，材料局部抵抗硬物压入其表面的能力称为硬度。固体对外界物体入侵的局部抵抗能力，是比较各种材料软硬的指标。由于规定了不同的测试方法，所以有不同的硬度标准。各种硬度标准的力学含义不同，通常用实验结果加以对比，但是维式硬度和摩式硬度可以通过公式简单换算。

硬度测试的方式有很多，有刻画法、压入法、研磨法、弹跳法等，其中以前两种方法应用广泛。

压入法是用合金或金刚石制成一定形状的压锥，加以一定的负荷（重量），压在矿物光面上，以负荷与压痕表面积（或深度）的关系，求得矿物的硬度。其中压锥形状为菱形测出的硬度称为诺普（Knoop）硬度。压锥形状为正方形测出的硬度称为维式硬度（HV），也称绝对硬度（图2-4-20、图2-4-21）。在矿物学和宝石学研究中，通常测试的是为维式硬度。

刻画法是指矿物被刻、划、压入、研磨等外力作用下，表现出的抵抗能力的评价。这种方法在矿物学中一直沿用的是摩式硬度计（Friedrich Mohs，1822）（图2-4-22），摩式硬度计是将自然界中，10种常见高纯度矿物，按照彼此间抵抗刻画能力的大小依次进行的一种排序表。排序结果的记录称为摩式硬度（HM），也称相对硬度。

宝石鉴定参数表中的硬度是指摩式硬度。

维式硬度和摩式硬度之间可以通过公式换算，通过换算结果可以发现，摩式硬度之间是一种非线性增长关系（图2-4-23）。

2. 摩氏硬度的观察要点

①绝大部分的矿物硬度是通过摩氏硬度计标准矿物和被测矿物相互刻画的方式在结晶矿物学中被测试出来的。在宝石鉴定中，严禁宝石之间相互刻画（划痕的存在会影响宝石价值）。

②对于已经琢磨成刻面型的某些宝石及其仿制品而言，因其硬度不同，我们可以通过观察刻面棱的尖锐程度来进行宝石及其仿制品的区分，例如钻石和仿钻的区分（图2-4-24、图2-4-25），红宝石和仿红宝石区分（图2-4-26）。

3. 摩氏硬度的描述方法

某一矿物能划动磷灰石（即其硬度大于磷灰石），但又能被正长石所刻画（即其硬度小于正长石），则该矿物的硬度在5到6之间，可写成5~6。实际操作中，还可以用更简便的方法来代替硬度计，例如指甲的硬度为2.5，小刀的硬度为5.5，因此可以将矿物硬度更粗略地划分为小于指甲（<2.5）、指甲和小刀之间（2.5~5.5）及大于小刀（>5.5）。此外还可以借助生活中常见的钢针（HM=5.5~6）。常见宝石及生活用品摩式硬度表见表2。

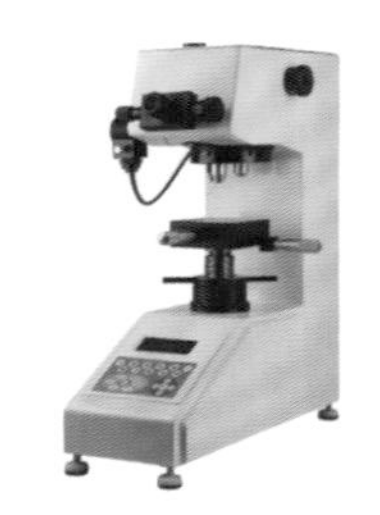

图2-4-20 显微硬度测试计

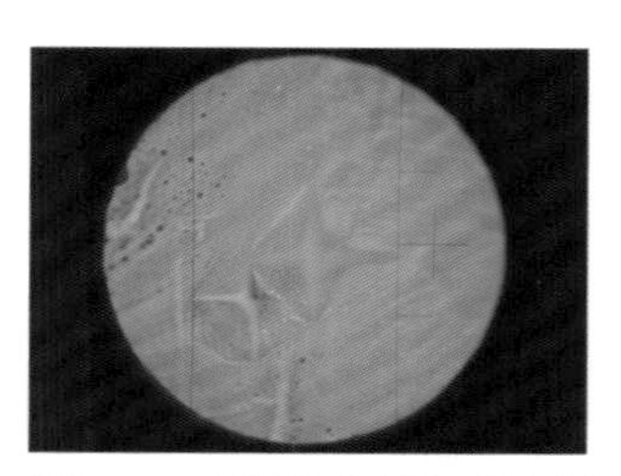

图2-4-21 通过物质表面凹陷直径计算其绝对硬度

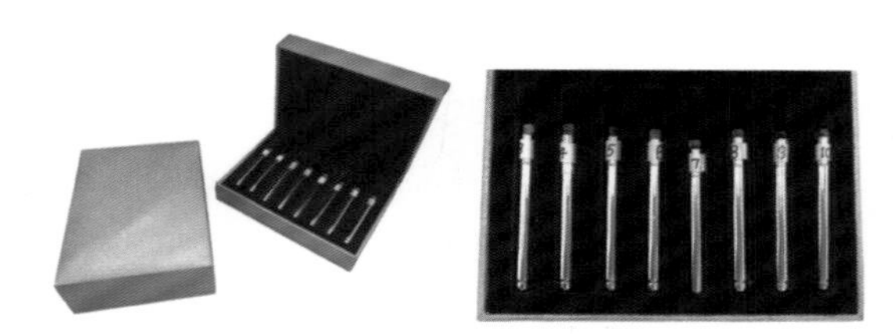

图2-4-22 摩氏硬度计

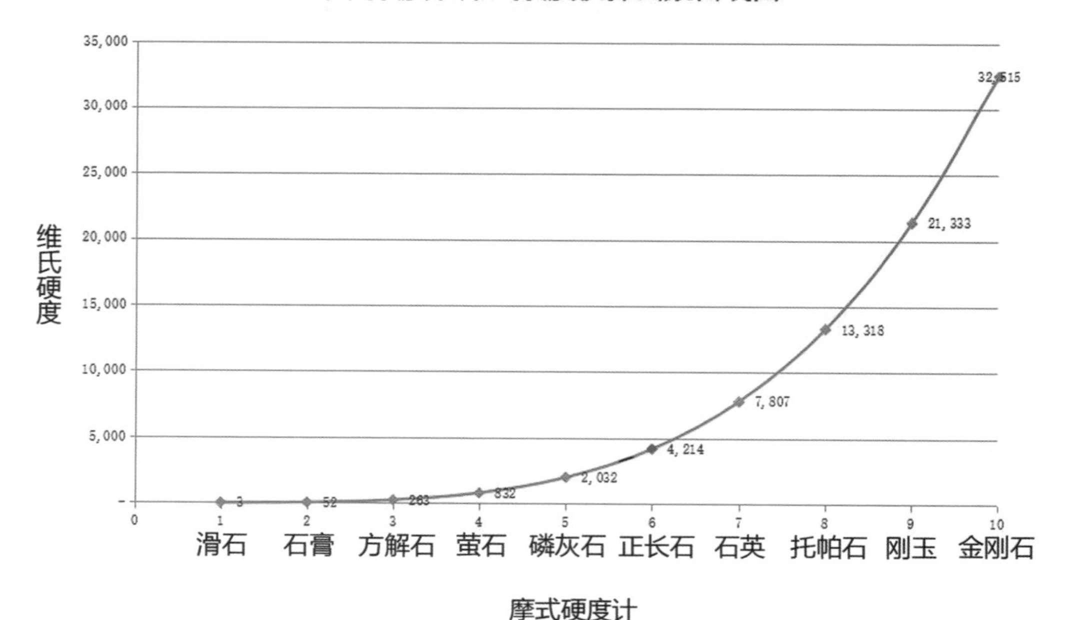

图2-4-23 维氏硬度和摩式硬度换算函数曲线图

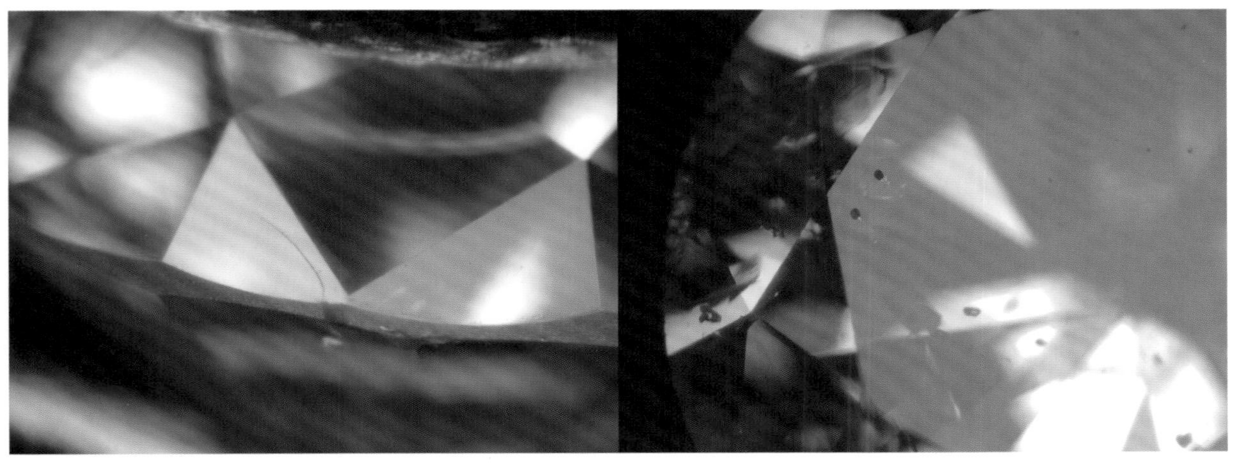

图2-4-24 摩氏硬度为10的钻石尖锐的刻面棱

图2-4-25 仿钻圆滑的刻面棱（左为摩氏硬度是8.5的合成立方氧化锆，右为摩氏硬度9.25的合成碳化硅）

图2-4-26 刻面棱按照尖锐到圆滑从左到右排列（左为摩氏硬度9的红宝石，中为摩氏硬度7~8的石榴石，右为摩氏硬度7.5的碧玺），红色箭头指示的是现象明显的被观察面

表2：常见宝石及生活用品摩氏硬度表

硬度	代表物	常见用途
1	滑石、石墨	滑石是摩氏硬度计标准矿物，滑石为已知最软的矿物，常见应用有滑石粉，因其摩氏硬度太低，不能作为宝石
2	石膏	摩氏硬度计标准矿物，因其摩氏硬度太低，不能作为宝石，市场上作为印章石、把玩件出现
2～3	冰块	日常生活中常见物之一
2.5	指甲、琥珀、象牙	琥珀、象牙为常见有机宝石
2.5～3	黄金、银、铝	黄金、银常见用于饰品，铝则常见于工业应用
3	方解石，铜、珍珠、铜针	方解石是摩氏硬度计标准矿物，可作雕刻材料，也是宝石鉴定仪器二色镜的重要组成部分之一 铜最早用于装饰，常见还有用于合金制作，电子工业的传输媒材等 珍珠是常见有机宝石
3.5	贝壳	常见有机宝石，对于较小的贝壳可以直接镶嵌装饰，如果贝壳较大，可以切磨为圆珠等装饰材料，例如砗磲
4	萤石	摩氏硬度计标准矿物，又称氟石，可作雕刻材料，常见宝石之一，由于硬度较低，常出现在一些较为个性的手工制作饰品中
4~4.5	铂金	稀有金属，亦是贵金属中最硬的。铂金常用于军事工业或饰品加工
4~5	铁	常见用于炼钢、其他工业应用
5	磷灰石	摩氏硬度计标准矿物，常见宝石之一
5～6	不锈钢、小刀、钢针、玻璃片	地质学中常用来刻画矿物、岩石，初步判断矿物、岩石摩氏硬度的工具之一

6	正长石、坦桑石、纯钛	正长石是摩氏硬度计标准矿物，坦桑石为常见宝石之一
6~7	牙齿（齿冠外层）、瓷器片	主要成分为羟基磷辉石
6~6.5	软玉	常见玉石之一
6.5	黄铁矿	晶体观赏性较强，较少切磨为宝石
6.5~7	硬玉	常见玉石之一
7	石英、紫水晶	摩氏硬度计标准矿物，常见宝石之一
7.5	电气石、锆石	常见宝石之一
7 ~ 8	石榴子石	常见宝石之一
8	托帕石	摩氏硬度计标准矿物，常见宝石之一
8.5	金绿柱石	常见贵重宝石之一
9	刚玉	摩氏硬度计标准矿物，常见宝石之一
9.25	合成碳化硅	常见仿钻材料之一
10	钻石	摩氏硬度计标准矿物，常见宝石之一
大于10	聚合钻石纳米棒	德国科学家于2005年研制出比钻石更硬的材料，具有广泛的工业应用前景

五、晶体的相对密度

1. 相对密度的定义

密度是宝石的重要性质之一，因为它反映了宝石的化学成分和晶体结构，宝石的密度是指宝石单位体积的质量，通常度量单位为g/cm^3。

宝石的相对密度和密度在数值上是相同的，但是它更容易测定。宝石的相对密度是指宝石在空气中的重量和同体积水在4℃时的重量之比，在4℃时1cm^3水的质量几乎精准为1g。

宝石的相对密度取决于它的化学成分。同一种宝石的相对密度由于化学成分变化、类质同象的代替、机械混入物、包裹体的存在、洞穴与裂隙中空气的吸附均会产生变化。例如钻石的平均相对密度为$3.52g/cm^3$，但澳大利亚钻石的相对密度为3.54，非洲的某些黄色钻石相对密度为3.52，巴西的某些褐色钻石相对密度为3.60。

2. 相对密度测试方法

静水称重法和重液法是测定宝石相对密度的常用方法。前一种方法可以较为精确地测出宝石的相对密度，后一种方法则可以快速区分外观相似而相对密度不同的两颗宝石。

宝石的相对密度一般在1至7之间。在2.5以下的（比如琥珀）被认为低相对密度，2.5到4之间的（比如石英）为中等相对密度，4以上的则被视为高相对密度。大部分宝石的相对密度在2.5到4之间。

1）静水称重法

根据阿基米德定律可知，当一物体浸入液体中，液体作用于物体的浮力等于其所排开液体的重量。根据物体排开液体的重量，测试出宝石在空气中的重量，我们可以计算出宝石的相对密度（缩写为SG，也称为比重）（图2-4-27～图2-4-29）。

其计算方法为宝石在空气中的重量除以宝石在空气中与在水中的重量之差。计算的数值通常保留到小数点后两位数，即相对密度=宝石在空气中的重量÷（宝石在空气中重量-宝石在水中重量）×水的密度=宝石在空气中的重量÷宝石同体积水的重量×水的密度。

运用上面的公式，假设一颗宝石在空气中称量为5.80g，在水中称量为3.50g，水的密度为$1g/cm^3$，计算过程如下：

$$SG=5.80\div(5.80-3.50)\times 1g/cm^3$$
$$=5.80\div 2.30\times 1g/cm^3$$
$$=2.50g/cm^3$$

至此我们计算出这颗宝石的相对密度为$2.50g/cm^3$。

需要注意的是除非特别说明，一般水的密度使用的是4℃时的$1g/cm^3$。

2）重液法

重液法是将被测宝石样品放入已知的重液（表3）中，视宝石样品在重液中沉浮情况，间接测定宝石相对密度的简便有效方法。重液属于有机挥发性、微毒性溶液之一，现代宝石检测中使用较少。

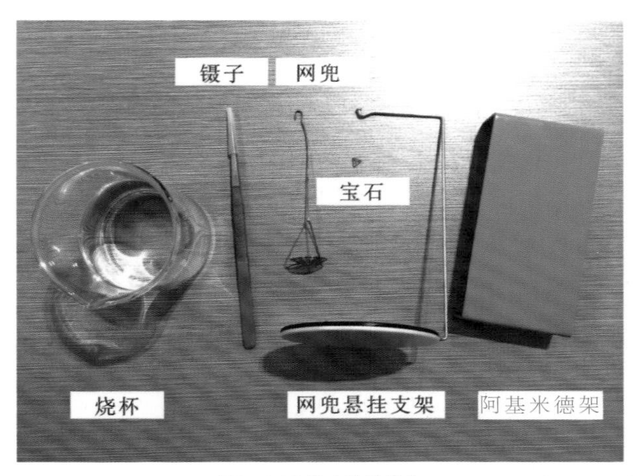

图2-4-27 净水称重附件

图2-4-28 净水称重附件组合后放在天平上的状态（网兜悬挂支架放在天平称重圆盘上，烧杯支架在天平称重圆盘两端，其他附件组合参考下图）

图2-4-29 净水称重附件组合要点，网兜支架与阿基米德架不能触碰，网兜与烧杯不能触碰

表3：常用的四种重液及指示矿物

常用重液	常用重液密度	常用重液中悬浮指示矿物
稀释的三溴甲烷$CHBr_3$	2.65	无裂较干净的水晶
三溴甲烷$CHBr_3$	2.89	无裂较干净的绿柱石
稀释的二碘甲烷CH_2I_2	3.05	无裂较干净的粉红色碧玺（不同颜色的碧玺密度略有不同，粉红色的碧玺相对密度较为稳定）
二碘甲烷CH_2I_2	3.32	无裂较干净的翡翠

六、晶体的韧度

晶体的韧度包括韧性和脆性两个方面。对于宝石抵抗破碎（磨损、拉伸、压入、切割）能力较差的现象叫作脆性。

脆性和宝石的光学性质无关，和解理、裂理、断口、硬度、密度等其他力学性质无关，晶体的脆性和晶体元素之间连接的方式有关系，这种关系我们用肉眼是无法观察出来的，只会在宝石加工和佩戴过程中感受到、看到。例如锆石的纸蚀现象（图2－4－30），早期售卖刻面型成品锆石中常发现锆石刻面边缘因松散的包装纸破损，后期使用软棉纸包装单独包装后破损减少。在长期被夹取观察的宝石中因脆性导致的刻面棱破损现象也很常见（图2-4-31）。

常见宝石晶体脆性从强到弱依次为萤石、金绿宝石、月光石、托帕石、祖母绿、橄榄石、海蓝宝石、水晶、钻石、蓝宝石、红宝石。

图2-4-30 锆石的脆性（棱线的破损）

图2-4-31 合成金红石（长期夹取观察导致的破损）

课后阅读：晶体的其他物理性质

一、晶体的电学性质

1. 导电性

宝石矿物传导电的能力叫作导电性。大多数宝石都不导电，但是像赤铁矿、合成金红石和天然蓝色钻石（Ⅱb型）等宝石可以导电。特别是对于天然蓝色钻石的半导体性质最为重要，因为它是区别人工致色钻石的特征之一，而人工改色的蓝色钻石不导电。

2. 热电效应

将石英、碧玺等晶体在受热和冷却反复的过程中，晶体产生膨胀或者收缩，晶体的两端会产生电压或者电荷，这种现象叫作热电效应。这也是碧玺因阳光或灯光加热而吸灰的原因。

3. 压电效应

将水晶等晶体材料沿着某一方向压缩或者伸张时，在其垂直方向上的两端出现数量相等而符号相反的电荷的现象。

二、晶体的热学性质——导热性

物体对热的传导能力称之为导热性，不同宝石导热的能力不同，对比热导率可以有效区分宝石。虽然热学性质有助于很多宝石的鉴定，但是最重要和最明显的是钻石，它的热导率远远大于热导率次高的刚玉，这也是宝石检定仪器热导仪的设计原理之一。

三、晶体的放射性

放射性元素如U、Th、Ra等，能自发地从原子核内部放出粒子或射线，同时释放出能量，这种现象叫作放射性，这一过程叫作放射性衰变。 如果科学家知道放射性衰变的速率，并且拥有能够测量是否存在不同同位素的仪器，即可非常精确地计算出某件物品的年龄。例如研究钻石中稀有金属锇 (Os) 和铼 (Re) 的放射性同位素含量，可以确定长达数十亿年的钻石年龄。

放射性在天然宝石矿物中是存在的，如锆石天然就含有放射性元素。放射性对于宝石性质的影响体现在两个方面，使宝石天然致色和改善宝石颜色。需要注意的是放射性太高会对人体产生伤害。

四、宝石的表面性质

宝石矿物的表面性质与宝石矿物的表面晶体结构有关。宝石矿物表面结构随具体宝石种类不同，由表面结构所决定的表面性质也必然存在着差异。

宝石矿物的表面性质突出表现为对外界物质的吸附作用上，如疏水亲油性。疏水性是化学中的一个术语，指的是一个分子（疏水物）与水相互排斥的物理性质，疏水性通常也可以称为亲油性，但这两个词并不全然是同义词，即虽然大多数疏水物通常是亲油的，但是还有例外，例如硅橡胶和碳氟化合物。

宝石学中会涉及到该性质的是钻石，钻石及其仿制品的鉴别、钻石的选矿过程常常利用该性质。

第三章

与集合体相关的宝石学基础知识

集合体是最早被人类当作工具使用的材料之一。在原始社会时期，人类已经开始利用打磨尖锐的玉髓来分割猎物，用较为坚硬的磨料来琢磨集合体，使其具有特殊的造型和纹饰，从而成为身份、地位的象征。后期随着金属的发现，金属提炼和铸造技术发展，金属逐步替代集合体成为工具的最佳材料，而集合体则被更多地赋予装饰功能和象征意义。

第一节 集合体的概念和描述

一、集合体的概念

集合体是天然产出的具有一定结构、构造的多晶粒矿物集合体（图3-1-1）。它可是多晶粒单矿物种类的集合体，也可是多晶粒多矿物种类的集合体；可以是矿物中级或低级晶族晶体的集合体（图3-1-2），也可以是矿物晶体高级晶族晶体的集合体。

集合体是一或多种晶体的多晶粒矿物聚合体，化学成分不定，晶体的大小不定，但对于同种集合体而言晶体的聚合方式是固定的。

二、集合体的描述

由于组成集合体的矿物多样性，集合体由很多的描述方式，例如单个矿物颗粒大小、外形等分类方式。

1. 按照组成矿物大小描述

根据组成集合体的单个矿物颗粒大小，集合体被划分为显晶集合体、隐晶集合体、胶态集合体三大类。

显晶集合体是能够用肉眼或者10X放大镜观察到单个矿物晶体的集合体。

隐晶集合体是在宝石显微镜下才能观察到单个矿物晶体的集合体。

胶态集合体是用宝石显微镜也无法观察到单个矿物晶体的集合体。

隐晶集合体在漫长的地质年代中可以被慢慢晶化而形成放射状构造，如黄铁矿结核体横截面上的放射状构造，这种放射状构造是由无数细小的针状晶体放射状排列而成。这是由于隐晶集合体内能高，有自发地向内低能态晶态物质转化的趋势。

图3-1-1 绿松石集合体形态

图3-1-2 红宝石黝帘石玉（红色部分为中级晶族红宝石，绿色部分是低级晶族黝帘石）

2. 根据组成矿物外形描述

结合矿物的颗粒大小，组成矿物外形描述可以分为显晶集合体、隐晶—胶态集合体两大类。

1）显晶集合体的描述

显晶集合体根据组成矿物形状粒状、片状、柱状这些词语描述。

①粒状集合体。

这类集合体分布广泛，由矿物单晶体颗粒聚集而成。颗粒的形态多近于三向等长形。按照矿物单体颗粒大小不同可划分为粗粒(颗粒直径大于5mm)、中粒(1～5mm)和细粒(小于1mm)三级。

②片状集合体。

集合体中矿物颗粒为两向伸长形，两向伸长形的大小、厚薄不同，从集合体外观的角度可分别构成板状、片状、鳞片状集合体。

③柱状集合体。

如果颗粒为一向伸长形，则会形成柱状、针状、毛发状、纤维状或束状、放射状集合体。如果这些柱状晶体有共同基底，形成一种矿物或不同矿物的晶体群，称晶簇。会形成晶簇是因为与基底成最大倾斜角度的晶体最易发育，而其他的晶体由于在生长过程中受到阻碍会逐渐被淘汰，这种现象称为几何淘汰律。

2）隐晶—胶态集合体的描述

隐晶—胶态集合体由于肉眼和10X放大镜下无法分辨矿物颗粒大小，只能从集合体整个外形上去分类描述。常用的描述词有分泌体、结核体、钟乳状体、块状等。

①分泌体。

又称晶腺，是岩石中的空洞被结晶质或胶体充填而成的矿物集合体。这种充填是从洞壁开始，逐渐向中心沉淀形成的。未能填满的空腔壁常见有晶簇。如玛瑙、玉髓等集合体。

在沉淀过程中，充填物质的成分可以有变化，从而使分泌体具有同心层状。直径小于1cm的分泌体又叫杏仁体。火山喷出岩的气孔常被次生充填，从而使岩石具有杏仁构造。

②结核体。

围绕某一中心（砂粒、生物碎屑气泡）自内向外逐渐沉淀生长形成的球状体，其沉淀过程与分泌体刚好相反。结核体产生于沉积岩层中，常见的有磷灰石、黄铁矿等成分的结核体。结核的内部一般也具有同心层状构造。

当结核体直径小于2mm，并形成许多形状、大小如鱼卵者聚合的集合体时称鲕状集合体，如鲕状赤铁矿。直径在2～5mm之间，形成如豌豆般聚合的集合体称为豆状集合体。直径大于5mm的直接称为结核体，如黄铁矿结核。

③钟乳状体。

指在共同的基地上，由溶液蒸发或胶体凝聚，使沉淀物逐层堆积而成的矿物集合体。在石灰岩溶洞中常见的石钟乳、石笋和石柱等，它们均属钟乳状体，有时钟乳状体也表现为葡萄状或肾状。

④块状。

有时在集合体中矿物颗粒过于细小，用肉眼不能分辨颗粒间的界线，在手标本描述中可称之为致密块状。

3. 根据组成矿物性质描述

矿物从结构的角度分为晶体和非晶体，从光性的角度分为均质体和非均质体。在确认矿物性质后，也常用均质体集合体、非均质体集合体或非晶体集合体来描述。

课后阅读：玉和集合体的关系

中华文明起源的主要特征之一就是玉器，玉文化是中华民族文化的基石之一，数千年来人们对玉的崇敬和热爱始终未变，其传统绵延不断，传承至今。

那么玉和集合体有什么关系呢？这里将从三个方面来回答这个问题。

1. 古人对玉的认识

东汉许慎《说文解字》中定义：“玉，石之美者，有五德。”

旧石器时代，玉与石不分；新石器时代，区分了玉与石。

甲骨文中出现了“宝、玉”的概念。

古代，宝石与玉是不分的，如水晶水玉、红宝石红玉、牙乌、雅姑、雅琥都是波斯语的“宝石”，如紫牙乌。

1863年阿列克斯达穆尔将和田玉称为软玉，将翡翠称为硬玉。

2. 现代定义

天然玉石是指由自然界产出的，具有美观、耐久、稀少等特性和工艺价值的矿物集合体，少数为非晶体。玉是特殊的岩石。

玉器是指用玉石雕琢成的器物。

3. 玉和集合体、岩石的关系

集合体和岩石、石头是可以相互替换的名词，只不过集合体、岩石是学科体系中的术语，石头是通俗的说法。

玉是集合体的一部分，这部分集合体的特征是美观、稀少、耐久和工艺价值，不具备上述特征的集合体不能够称之为玉。

对于日常生活中大家常常讨论的玉和翡翠、软玉的关系，从学科的角度而言翡翠、软玉是玉当中的品种之一。我们界定它是翡翠、软玉是因为其成分不同。以此类推，很多有具体名称的玉石从属于玉，但是不能代表全部的玉石。

第二节 与集合体相关的光学名词释义

集合体的很多光学性质会和晶体一致，但是也有自己特殊的地方，这一节内容中我们将简要讨论到光照条件下观察集合体时会看到的现象以及描述该现象的专业术语。

需要特别说明的是集合体中不可见色散、多色性、双折射现象。

一、集合体的颜色

宝石颜色描述的方法有标准色谱法、二名法、类比法。集合体的颜色描述使用类比法比较多，例如翡翠颜色描述中的菠菜绿、青椒绿等，同晶体一样对于某些颜色分布不均匀的集合体还需要单独指出颜色不均匀这个现象（图3-2-1、图3-2-2）。在描述翡翠的时候，还可能会使用到色根这个特定的词（图3-2-3）。

二、集合体的光泽

本书中涉及的宝石光泽有8种，第二章中我们已经讨论了晶体中容易见到的金属光泽，金刚光泽、玻璃光泽、油脂光泽（在晶体破损的地方容易见到），除了玻璃光泽之外还有几种光泽是集合体中容易见到的。它们分别是油脂光泽、丝绢光泽、蜡状光泽，集合体出现这几种光泽的原因是因为集合体表面的光滑程度和集合方式与单晶体不同。

如果抛光后的同一集合体上呈现光泽差异，很多时候是暗示集合体经过改善（图3-2-4）。集合体在加工前后光泽差异很大，以实际观察的为准，例如翡翠常描述为玻璃到油脂光泽。

1. 油脂光泽

集合体中可以见到油脂光泽的有软玉、部分翡翠等，类似将玉石表面涂抹一层油之后（图3-2-5～图3-2-7）。

2. 丝绢光泽

纤维状集合体粗糙面常呈蚕丝或丝织品状的光亮。如纤维石膏和石棉、虎睛石、孔雀石、紫龙晶等（图3-2-8～图3-2-10）。

3. 蜡状光泽

某些透明矿物的隐晶质或非晶质致密块体上，呈现有如蜡烛表面的光泽。如块状叶蜡石、蛇纹石及很粗糙的玉髓等（图3-2-11～图3-2-13）。

除了上述情况之外，集合体由于其组成矿物的多样性或者是内含物的影响，可在一个平面上出现两种不同光泽（图3-2-14）。

在矿物的光泽描述中还有一种土状光泽（呈土状、粉末状或疏松多孔状集合体的矿物，表面呈现的如土块般暗淡无光。如块状高岭石和褐铁矿等），目前还没有宝石矿物是这种光泽。

图3-2-1 颜色不均匀的蔷薇辉石和菱锰矿（左边蔷薇辉石颜色描述为棕红色、夹杂黑色条带状、团块状不均匀分布；右边菱锰矿颜色描述为粉红色，夹杂白色条带状不均匀分布）

图3-2-2 颜色多样的翡翠（手串中单个翡翠珠颜色呈现灰紫色、橘黄色、油青灰色、蓝绿色、黄绿色等多种颜色，单个翡翠珠子上颜色较为均匀）

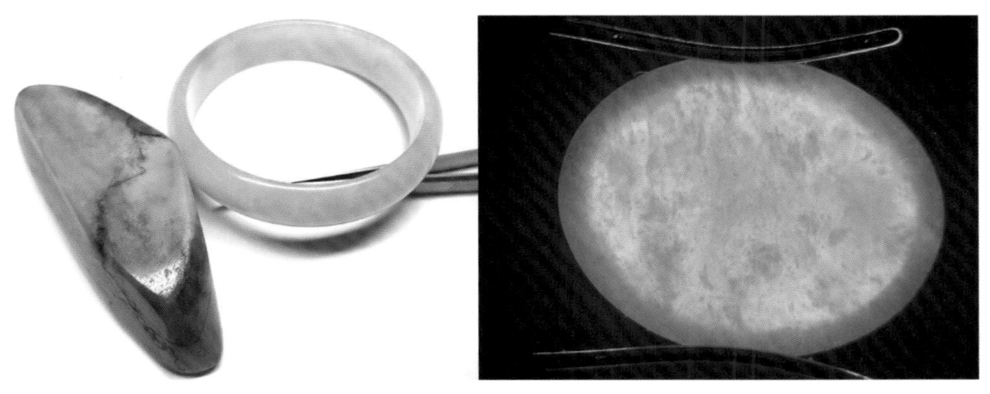

图3-2-3 在描述翡翠颜色的时候会使用到一个专业的词叫作色根（左图左边的翡翠绿色局部浓集的现象），色根是颜色未经处理的翡翠中可能见到的现象之一，在染色处理翡翠中不可见（左图右边的翡翠绿色较为均匀，不存在局部颜色浓集的现象）；右图为翡翠的色根

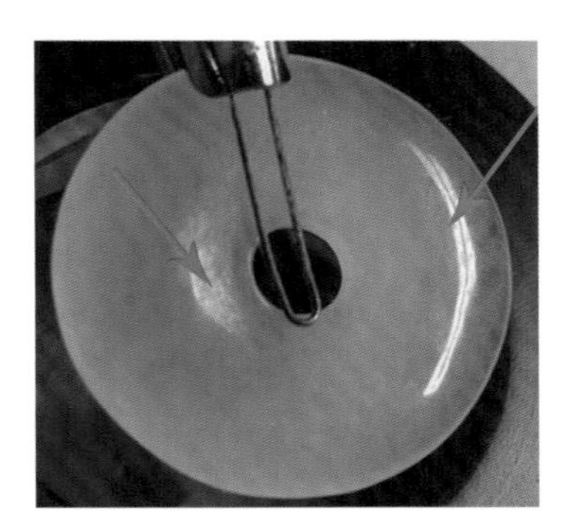

图3-2-4 漂白充填处理翡翠（集合体）表面光泽差异（红色箭头指代处）

图3-2-5 油脂光泽（软玉，反射光）

图3-2-6 玻璃—油脂光泽（翡翠，反射光）

图3-2-7 玻璃光泽（水晶，反射光）和玻璃—油脂光泽（翡翠，反射光）的对比

图3-2-8 丝绸表面的光泽（反射光）

图3-2-9 丝绢光泽（虎睛石破口处，反射光）

图3-2-10 玻璃光泽（虎睛石抛光后，反射光）

图3-2-11 蜡状光泽（上为蜡烛，左下为鸡血石，右下为绿松石，观察条件为反射光）

图3-2-12 蜡状光泽（软玉，反射光）

图3-2-13 油脂光泽和蜡状光泽对比（左一、左二为油脂光泽，右一为蜡状光泽，观察条件为反射光）

图3-2-14 在反射光下，集合体内部星点状金属包裹体呈现金属光泽，集合体整体呈现另外的光泽（左为蜡状光泽的岫玉，右为玻璃光泽的青金石）

三、集合体的透明度

根据宝石透光的程度，透明度分为透明、亚透明、半透明、微透明、不透明5个级别。

集合体的透明度描述和晶体透明度描述的术语一致，也是在反射光下观察集合体透明度，但是观察到集合体透明度不均匀时需要单独指出。

集合体中常涉及到的透明度和晶体一样，有5个级别。

1. 透明

用透射光观察宝石，宝石整体透亮，相对明亮观察背景而言，宝石中央部分亮度与背景一致或者略高一些，边缘轮廓部分较暗。如玻璃中翡翠、钠长石玉（也称水沫子）等（图3-2-15、图3-2-16）。透过宝石能看到与透射光同一侧较为明显的物体。

2. 亚透明

用透射光观察宝石，宝石整体明亮，相对明亮观察背景而言，宝石亮度与背景一致，观察与透射光同一侧较为明显物体，物体较为朦胧，如同在透明宝石光源之间加了一层白色致密的薄纱一样。在集合体宝石中较常见，且为集合体宝石最高的透明度，例如冰种的翡翠、无色玉髓等（图3-2-17～图3-2-20）。

3-2-15 钠长石玉（反射光）

3-2-16 透明（ 钠长石玉，透射光）

图3-2-17 翡翠（反射光）

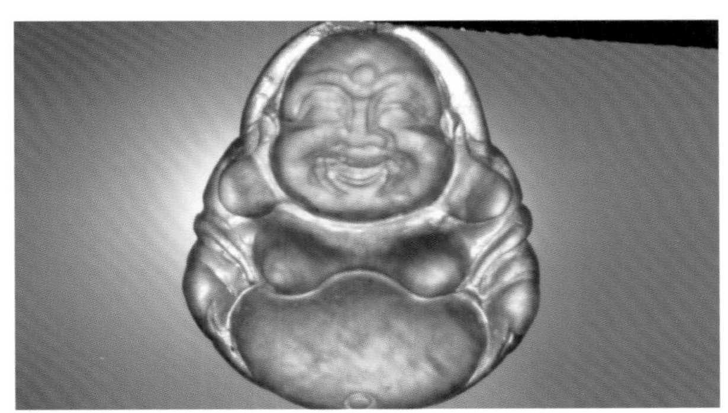

图3-2-18 亚透明（翡翠，透射光）

图3-2-19 石英岩（反射光）

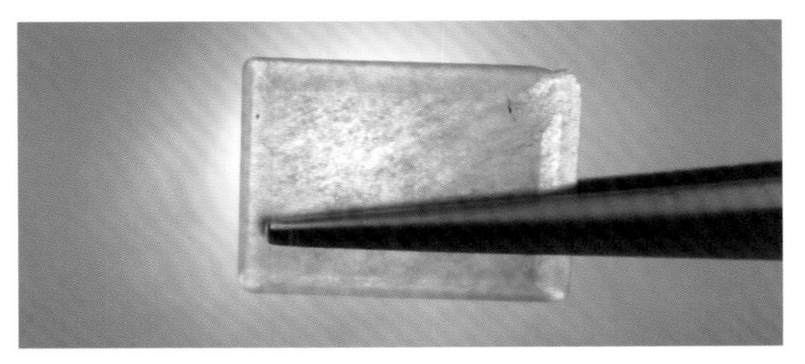

图3-2-20 亚透明（石英岩，透射光）

3. 半透明

用透射光观察宝石，宝石整体较为明亮，相对明亮观察背景而言，宝石整体亮度较背景弱，观察与透射光同一侧较为明显物体，无法判断物体是什么，仅能知道有物体（图3-2-21～图3-2-25）。

4. 微透明

用透射光观察宝石，宝石整体会亮起来，但亮度明显较暗，相对明亮观察背景而言，某些宝石观察时会观察到中间为较暗，边缘透光（图3-2-26）。

5. 不透明

用透射光观察宝石，宝石整体不透光，相对明亮观察背景而言，宝石边缘轮廓明亮，其他地方呈现黑色或者无法透过光（图3-2-27～图3-2-30）。

图3-2-21 石英岩（反射光）

图3-2-22 半透明（石英岩，透射光）

图3-2-23 半透明（软玉，透射光）

图3-2-24 玉髓（反射光）

图3-2-25 亚透明到半透明、透明度不均匀（玉髓，透射光）

图3-2-26 微透明（虎睛石，透射光）

图3-2-27 绿松石（反射光）

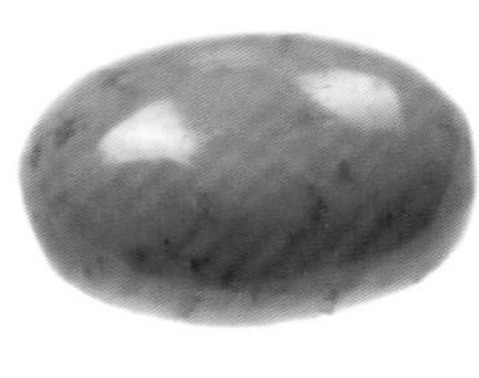

图3-2-28 不透明（绿松石，透射光）

图3-2-29 不透明（孔雀石，透射光）

图3-2-30 不透明（青金石，透射光）

四、集合体的发光性

使用肉眼观察宝石发光性描述格式：强度、颜色，其中对于强度可使用下列词语进行描述：强、中、弱、无。颜色描述可以使用标准色谱法、二名法、类比法中的任一种。

集合体的发光性一般肉眼无法观察出来，同晶体一样，如果集合体中含有铁元素，通常会导致荧光不可见（图3-2-31～图3-2-33）。这里需要特别注意的是紫外荧光灯下观察的时候要描述荧光的均匀性，因为构成集合体的单个矿物发光性存在差异（图3-2-34～图3-2-36）。

这里我们会简单讨论到市场上常见的集合体品种——翡翠的荧光。

天然翡翠一般情况下是没有荧光的，如果翡翠被有机物质如环氧树脂等充填结构，某些翡翠甚至不需要借助紫外线而在强光照射下，翡翠充胶的地方就可观察到明显的蓝白色荧光（图3-2-37、图3-2-38）。这种现象如果可准确辨别能够帮助我们区分市场上部分漂白充填处理翡翠。

对于绝大部分翡翠而言，荧光是需要借助紫外线才能观察到，但是有荧光不能证明翡翠经过漂白充填处理。一般来说翡翠中出现荧光需要排除紫色翡翠、颗粒结构较粗翡翠，无有机物附着（例如化妆品、汗渍等）三种情况以后才能判定为漂白充填处理翡翠。

实际观察中，有一种“起荧”现象和荧光极易混淆。一些结构细腻、透明到半透明的天然翡翠，在反射光照射下，翡翠高突起弧面靠近背景边缘会出现白色的光晕，这种现象称之为“起荧”（图3-2-39）。

“起荧”的原因是因为平行入射光通过弧面琢型翡翠时，由于折射作用在其上弧面聚敛，又由于反射作用在其下弧面第二次聚敛，当其受到集合体内部矿物颗粒阻挡而发生散射/漫反射作用。

市场上，封底镶嵌的翡翠在反射光照射下也会出现类似现象（图3-2-40）。

“起荧”和漂白充填处理中胶的荧光是两种不同的现象（表1）。“起荧”和荧光无必然关系。“起荧”现象与构成集合体的矿物颗粒的大小有直接关系，当翡翠中硬玉颗粒大小在0.06~0.55mm时，翡翠中可能观察到“起荧”现象。从硬玉颗粒大小的角度而言，翡翠的“起荧”现象与其翠性互为消长，即“起荧”现象明显则翠性不明显，翠性明显则“起荧”现象不明显。

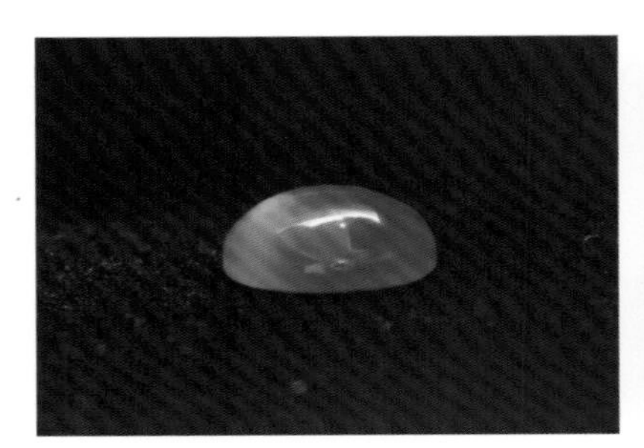

图3-2-31 正常光源下的玛瑙（含铁元素）

图3-2-32 长波紫外光下玛瑙无荧光，肉眼无法观察

图3-2-33 短波紫外光下玛瑙无荧光，肉眼无法观察

图3-2-34 常光下的青金石

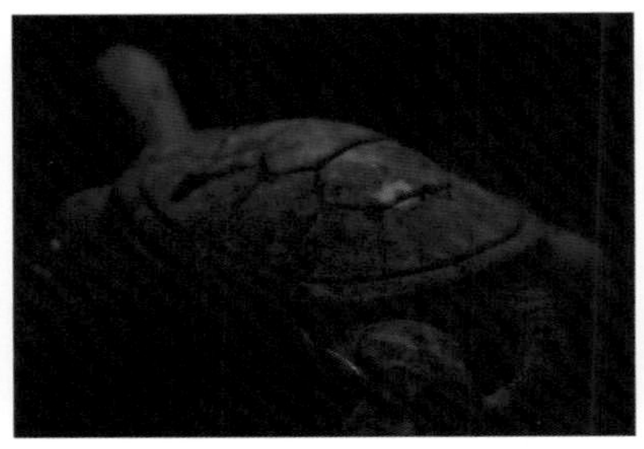

图3-2-35 紫外荧光灯长波下，蓝色荧光（的青金石），肉眼无法观察

图3-2-36 紫外荧光灯短波下，白垩色不均匀荧光（青金石），肉眼无法观察

图3-2-37 反射光下处理翡翠外观图

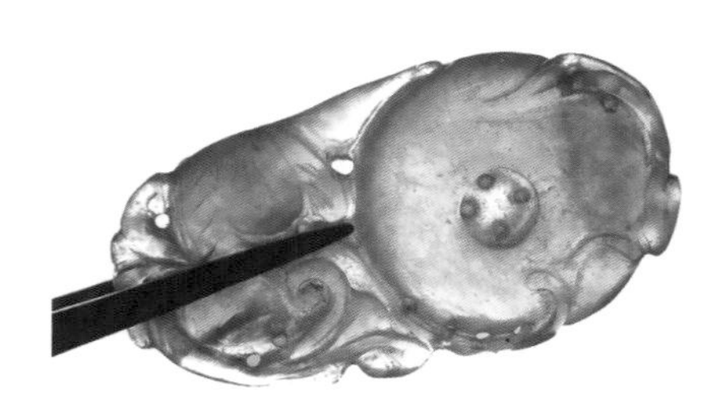

图3-2-38 自然透射光下部分染色充胶翡翠可见蓝白色荧光（左图）、部分充胶翡翠无荧光（右图）

图3-2-39 反射光下“起荧”的翡翠

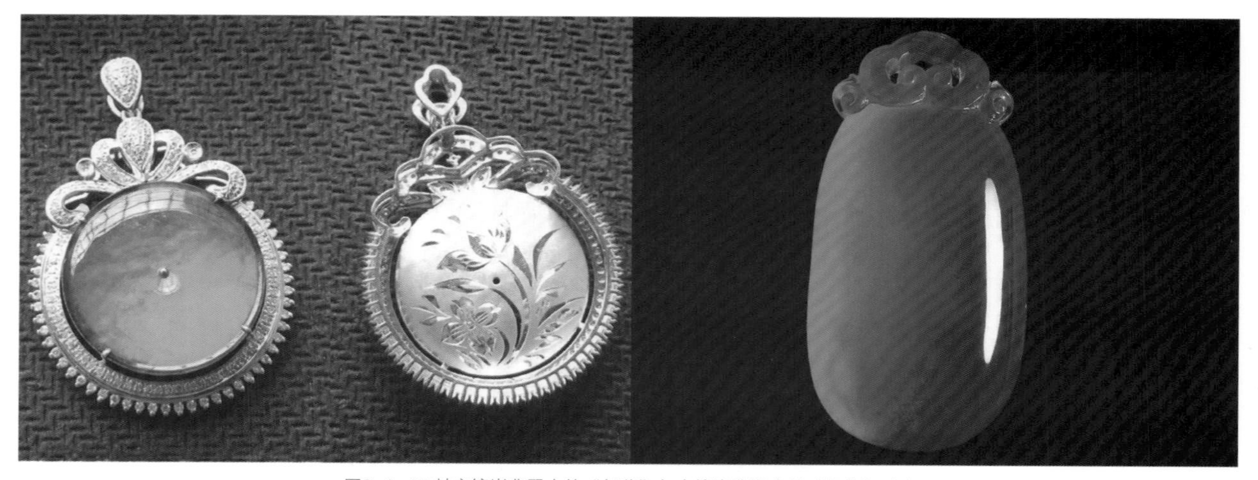

图3-2-40 封底镶嵌翡翠中的“起荧”与未镶嵌翡翠中的“起荧”对比

表1：翡翠的荧光和“起荧”的区别

<table>
<tr><th></th><th>荧光原因分析</th><th>荧光出现位置</th><th>观察方式</th></tr>
<tr><td rowspan="4">有荧光的翡翠</td><td>被有机物附着的翡翠不论颜色、外形、结构等均会产生荧光</td><td rowspan="2">整个翡翠，荧光的强弱以观察到的为准</td><td rowspan="4">除了部分漂白充填处理翡翠可用强透射自然光观察，其他必须是紫外光观察</td></tr>
<tr><td>翡翠漂白后为了使得结构致密会进行充胶处理，有些后期还附有染色处理</td></tr>
<tr><td>颗粒较粗的翡翠，构成集合体的单个矿物颗粒间</td><td rowspan="2">整个翡翠，可能因组成翡翠的矿物产生荧光不均匀现象，荧光的强弱以观察到的为准</td></tr>
<tr><td>紫色翡翠</td></tr>
<tr><td>“起荧”的翡翠</td><td>结构细腻、透明至半透明、弧面型三个条件缺一不可
具有一定厚度的翡翠或者较薄的封底镶嵌翡翠中均可见
该现象也可以出现在其他类似外观特征的玉石中，例如葡萄石（图3-2-41）、玉髓（图3-2-42）、水沫子（图3-2-43）等</td><td>对于具有一定厚度的翡翠，“起荧”出现在翡翠弧面型较为陡立的弧面部分
对于封底镶嵌、较薄的翡翠，“起荧”出现在翡翠较为扁平、平缓的地方</td><td>用反射光观察。翡翠颜色的浓艳程度、抛光情况、弧面型凸起程度均会影响“起荧”现象的明显性</td></tr>
</table>

图3-2-41 反射光下“起荧”的葡萄石

图3-2-42 反射光下“起荧”的玉髓

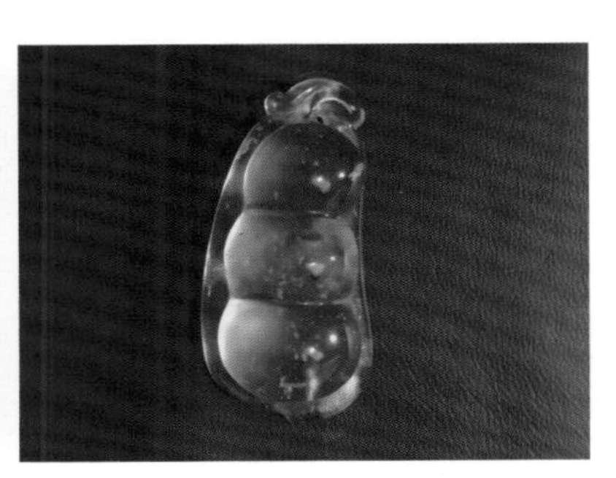

图3-2-43 反射光下“起荧”的水沫子

五、集合体的特殊光学效应

宝石特殊光学效应有猫眼效应、星光效应、变色效应、砂金效应、变彩效应、月光效应、晕彩效应这7种，有些教材中会将变彩效应、月光效应、晕彩效应统称为晕彩效应。这里将会涉及到的是集合体中常见的猫眼效应、砂金效应、变彩效应。

1. 猫眼效应

具有一组定向排列的弧面型集合体在定向切割后也可以见到猫眼效应，如图3-2-44是具有猫眼效应的石英猫眼在光源移动时，猫眼眼线移动的对比图、软玉（图3-2-45）等。

2. 砂金效应

只要具有不透明—半透明片状固体包裹体，集合体也可见砂金效应，如东陵石（图3-2-46、图3-2-47）。

值得注意的是，砂金效应和参差断口是两个相似的现象，它们都具有星点状闪光，但砂金效应在加工前后集合体的粗糙和抛光面均可见，参差断口只在集合体粗糙的破口处可见。

图3-2-44 具有猫眼效应的石英猫眼在光源移动时，猫眼眼线移动的对比图

图3-2-45 软玉猫眼原料

图3-2-46 东陵石

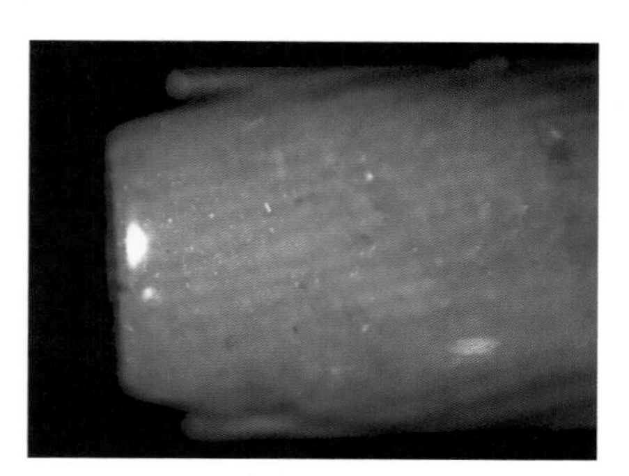

图3-2-47 东陵石的砂金效应

课后阅读：印章石、砚石

自古以来中国人赏石、刻石，寄情于石，使得石文化成了中国传统文化的一个重要分支。

1. 印章石

印章是中国传统的文房四宝之一，是依附于书法又具有独立性的一门传统艺术形式。可以作为印章的材料很多，有金、银、铜、玉、石、瓷、竹、木、角等。常被用来作为印章的集合体具有色彩丰富、光泽柔和、硬度较低的特征。矿物成分以叶蜡石、高岭石和迪凯石等矿物为主，有时含有水铝石，石英和绢云母等质矿物。著名的巴林鸡血石、昌化鸡血石、浙江青田石和福建寿山石，合称四大印章石（图3-2-48）。

3. 砚石

砚是中国传统的文房四宝之一。石砚是由砚石雕制而成的研墨工具，而砚石则是指能用于制砚的矿物集合体——岩石。然而，并非任何岩石都能作砚石，只有具备质地致密滋润、细中有锋、硬度适中、单层厚度较大的沉积岩和变质岩才能用作砚石。

砚石主要由硬度较低的黏土矿物或方解石组成，还必须含一定比例(5%左右)的硬度较高的次要矿物(石英、黄铁矿、红柱石和赤铁矿等)，以利于提高石砚的研磨性能。不同的砚石其矿物组成截然不同。泥岩、板岩和千枚岩类砚石的矿物成分主要为黏土矿物，其次为石英、黄铁矿和红柱石等；灰岩、大理岩类砚石的矿物成分主要为方解石，其次为石英、赤铁矿等。

大部分砚石中都含有云母类矿物(绢云母、水云母、白云母或多硅白云母等)，而云母类矿物内部就具有这样的特殊层状结构，结构单元层之间借助大半径的阳离子紧密联系起来，可以有效地阻止水分子进入其晶格中；结构单元层内部的原子之间联系更为紧密，致使石砚又具有很好的储水功能。

现仅以中国的端、歙、洮、澄泥四大名砚石为例，讨论砚石的矿物组成。

端石为含赤铁矿的水云母泥岩或板岩，其中斧柯山端石(即狭义的端石)为水云母泥岩或板岩，质地较柔润；而北岭山端石为含赤铁矿泥岩，质地偏红略燥。端石由以水云母为主的黏土矿物（质量分数为87%～96%）、赤铁矿（质量分数3%～5%）、石英（质量分数1%～2%）、方解石（质量分数1%）及微量电气石、金红石和锆石等矿物组成。

歙石为含绿泥石的云母质板岩至千枚岩，其成分质量分数为：蠕绿泥石35%～40%、多硅白云母25%～30%、石英25%～35%、长石2%～3%及少量电气石、锆石和碳质等。

洮石为富含叶绿泥石的水云母质板岩，主要由水云母、叶绿泥石等黏土矿物（质量分数99%）及少量石英粉砂（质量分数1%）组成。

图3-2-48 斜绿泥石仿田黄

第三节 与集合体相关的力学性质释义

宝石的力学性质有七个现象，分为四类，分别是解理、裂理和断口三个现象属于一类，其他三类分别是硬度、密度和韧性，在这里我们将会讨论到与集合体相关的解理、断口、硬度、相对密度和韧性。

解理、断口是集合体和组成集合体的矿物在外力作用下发生破裂的性质，它们的破裂特征及原因不同，是鉴定宝石和加工宝石的重要物理性质之一。

一、集合体的解理

构成集合体的单个矿物晶体如果能呈现解理现象，那么在集合体中就可以见到解理现象。

集合体中解理描述比晶体要简单得多，只需要描述有、无即可，翡翠中还会用翠性、苍蝇翅等词来描述构成翡翠的硬玉中的解理。组成翡翠的硬玉颗粒大于0.15mm时，翡翠中翠性可见；大于0.55mm时，翠性十分明显（图3-3-1、图3-3-2）。

二、集合体的断口

断口描述多用类比法，通常借助生活中常见的现象来描述断口的形态。

集合体中用参差、纤维多片状这两类词，这种断口在加工之前的集合体中容易见到，仔细观察加工之后的

图 3-3-1 翡翠（反射光）

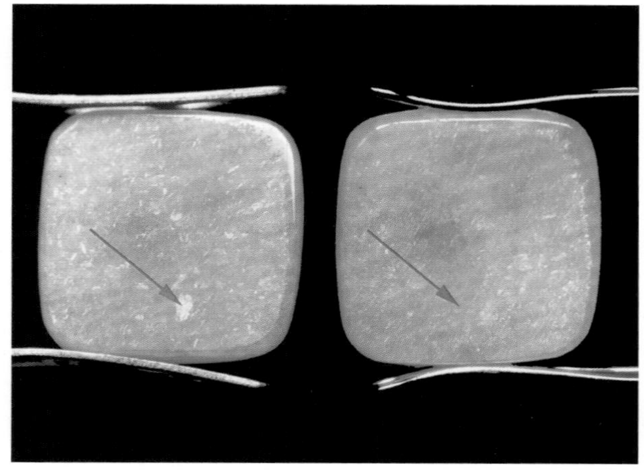

图3-3-2 反射光下翻转角度观察翡翠，局部出现的一向延长、不规则轮廓闪烁的反光现象叫翠性（右图中翡翠翻转角度后，红色箭头所指的地方闪光消失）

集合体雕刻琢磨的地方也可以见到。

参差状断口是指参差不齐、粗糙不平的断面。如东陵石等（图3-3-3）。

纤维多片状断口是指呈纤维状或交错细片状的断口,如软玉、翡翠等（图3-3-4）。

在实际宝石鉴别中用反射光观察断口闪光形态，如果闪光形态足够典型可以判断集合体是粒状结构，还是纤维交织结构。

三、集合体的硬度

集合体宝石的硬度一般在6以上，摩氏硬度低于6的集合体在后期佩戴过程中如果未注意维护和保养会因磨损出现光泽暗淡等情况（图3-3-5），在充填处理翡翠中，由于充填物的硬度与翡翠存在差异，很容易见到一种现象叫作酸蚀网纹，这种现象也是区分天然翡翠和充填处理翡翠重要的肉眼观察特征之一（图3-3-6、图3-3-7）。

集合体中在这里要特别说明一个翡翠中常见的专业名词：橘皮效应。借助反射光观察翡翠表面，在光源与翡翠本身明暗交界的地方，发现类似橘皮表面凹凸不平的现象，称之为橘皮效应（图3-3-8、图3-3-9）。橘皮效应的出现与组成翡翠的非均质体颗粒排列一致程度的高低有关，一般来说非均质体颗粒越无序，越容易观察到其光滑程度不一的抛光性，本身有差异硬度，也就越容易见到橘皮效应（图3-3-10、图3-3-11）。

图3-3-3 粒状结构集合体的参差断口（左为东陵石，右边为岫玉）

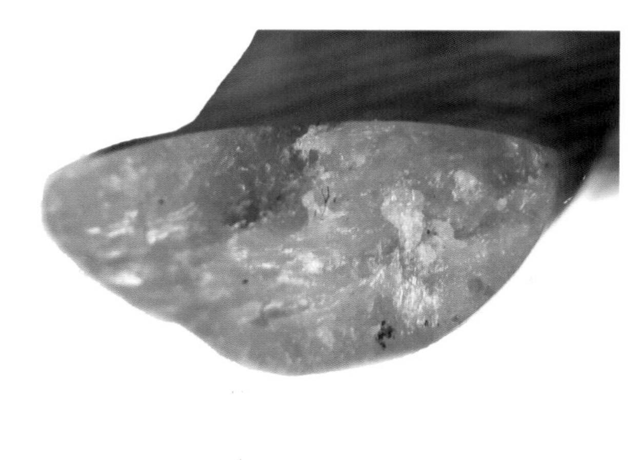

图3－3-4 纤维交织结构集合体的纤维多片状断口（翡翠）

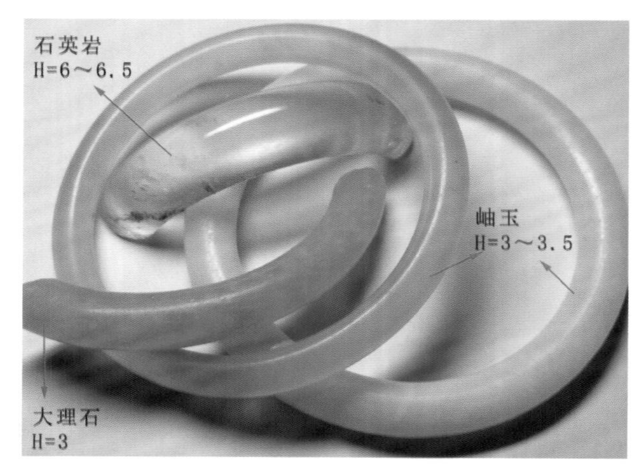

图3-3-5 集合体因组成矿物硬度不同在同等抛光条件下光泽不同

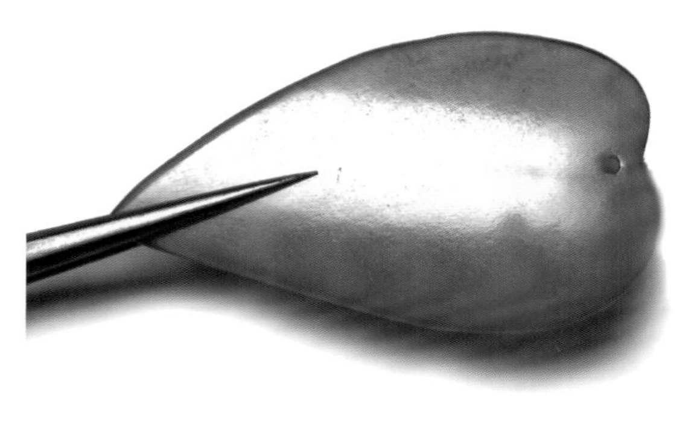

图3-3-6 表面光滑的天然翡翠

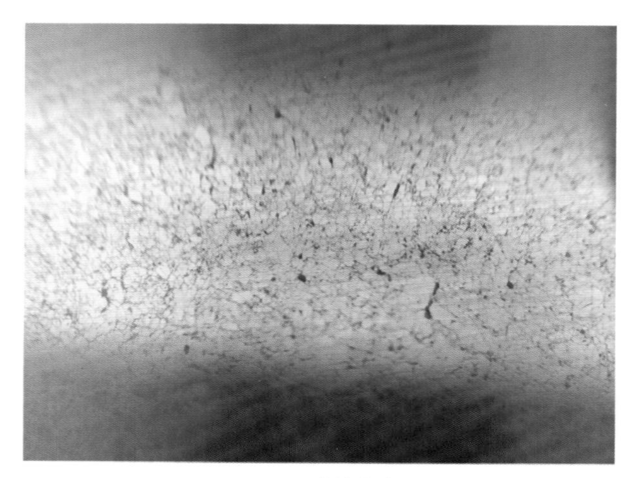

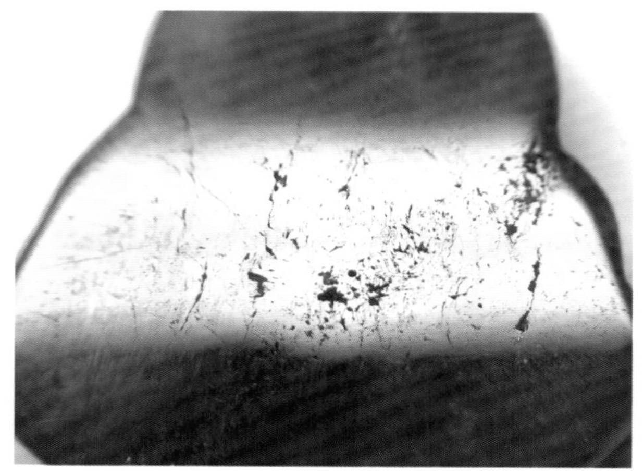

图3-3-7 漂白充填处理翡翠的酸蚀网纹（左）和颗粒粗大天然翡翠因蹦落留下的痕迹（右）对比

图3-3-8 明显**橘**皮效应的翡翠

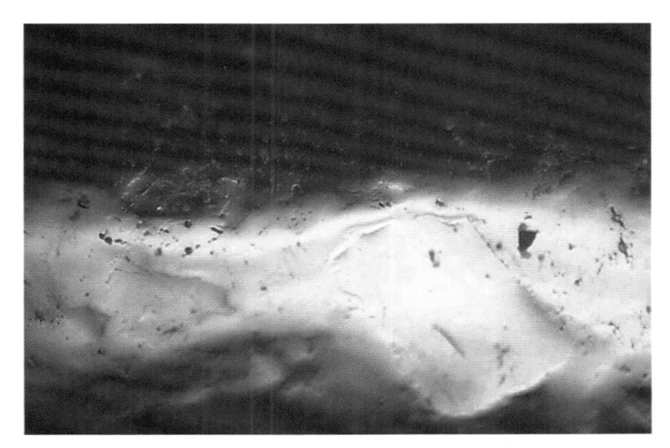
图3-3-9 显微镜下30倍放大条件后翡翠的**橘**皮效应

图3-3-10 **橘**皮效应不明显的翡翠

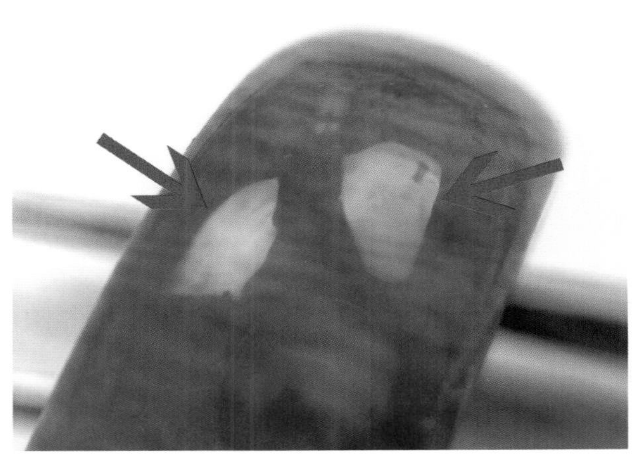
图3-3-11 无**橘**皮效应的翡翠

四、集合体的相对密度

集合体的密度和晶体不同，它的数值不是一个固定数值而是一个固定范围。集合体的密度和组成矿物的种类和含量有很大关系。例如独山玉，主要矿物成分是斜长石（钙长石）和黝帘石，次要矿物为绿色铬云母，浅绿色透辉石、黄绿色角闪石、黑云母，还有少量其他矿物成分，独山玉密度可以从2.70g/cm^{3}到3.09g/cm^3。

五、集合体的韧性

对于宝石抵抗破碎（磨损、拉伸、压入、切割）能力较强的现象叫作韧性。

韧性和宝石的光学性质无关，和解理、裂理、断口、硬度、密度等其他力学性质无关，和元素、矿物之间直接的结合有很密切的关系。一般来说集合体的韧性比晶体要好得多，也正因如此黑色的集合体钻石比普通晶体钻石的韧性要强，甚至比翡翠、软玉的韧性还要强，是所有宝石中韧性最好的。

常见集合体宝石韧性从强到弱依次为：黑色钻石、软玉、硬玉。

课后阅读：宝石来自哪里？

我们居住的地球可以看作是一个由多种岩石组成的巨大球体，这些岩石由一种或多种物质形成的小碎片构成，这些物质就是不同的化学元素相互作用产生的矿物。

天然无机宝石是矿物和岩石中瑰丽、耐久、稀有并且可加工的一部分。绝大部分天然宝石的形成原因和岩石矿物一致，还有一小部分宝石的形成与地球无关，例如陨石中的玻璃。

那么宝石在哪里呢？简单说来哪里有岩石哪里就可能有宝石，宝石在岩石中自然聚集。宝石数量较大的地点称之为矿床。

一、岩石

在岩浆冷却到熔化到冷却的过程中，一些元素规则排列形成晶体矿物固体，多种矿物聚集在一起形成千姿百态的岩石。

岩石是一定地质条件下，天然产出的具有一定结构、构造的矿物集合体。不同地质作用下形成的矿物集合体组成不同的岩石。岩石的形成和变化主要与地质作用系统中的岩浆作用、沉积作用和变质作用等密切相关。

岩浆岩，由岩浆作用形成的岩石，钻石、黑曜岩、玛瑙等宝石是这个作用特有的宝石品种。除此之外还有红宝石、蓝宝石、水晶、石榴石等在其他地质作用中也可以发现的宝石。

沉积岩，由沉积作用形成的岩石，绿松石、孔雀石、和田玉中的籽料等宝玉石是这个作用特有的宝石品种。沉积作用形成的砂矿中几乎可以发现绝大部分宝石品种，且内部裂隙较少，质量较好。

变质岩，由变质作用形成的岩石，翡翠、软玉、蛇纹石、红柱石、硅化木等宝玉石是这个作用特有的宝石品种。

二、矿床

宝石作为地质作用的产物，其形成的地质条件非常复杂。根据地质作用的性质和能量来源，可将宝石矿床的成因分为内生成矿作用、外生成矿作用和变质成矿作用。

1.内生成矿作用

指与岩浆活动和火山喷发有关的一系列成矿作用。

主要有岩浆成矿作用（形成的宝石如钻石、镁铝榴石、红宝石、蓝宝石、橄榄石、月光石等）、伟晶岩成矿作用（形成的宝石如红宝石、蓝宝石、石榴石、水晶、尖晶石、碧玺、托帕石、天河石等）、热液成矿作用（形成的宝石如红宝石、蓝宝石、水晶、祖母绿、玛瑙、托帕石、坦桑石等）和火山成矿作用（形成的宝石如黑曜岩等）。

2.外生成矿作用

指在近地表由于太阳、水、风、空气和有机体作用所形成的成矿作用。

其形成的矿床类型主要包括风化壳型、砂矿型和成岩型，风化壳型和砂矿型又称为次生矿床，如欧泊、玉髓、绿松石、孔雀石、钻石、红蓝宝石、翡翠、软玉、绿柱石、石榴石等。

3.变质成矿作用

指已经形成的矿物群体（岩石或矿床）在地壳内应力作用下（如构造运动引起的温度、压力、岩浆、热液等的作用），使其物质矿物成分、矿物组合、结构和构造发生变化而形成新的矿物、岩石或矿床的成矿作用，如翡翠、石榴石、碧玉、红宝石、蓝宝石、硅化木和月光石等。

第四章

有机宝石相关的宝石学基础知识

有机宝石是人类最容易从自然界获取的材料之一，从原始社会时期的骨头饰品到商代贝壳货币，从唐代的犀牛杯到明朝的象牙笏，从清朝的盔犀鸟到现代的海螺珠，这些有机宝石无一例外地被人们视为珍贵的自然礼物，作为身份和财富象征。

第一节 有机宝石的概念及常见品种

一、有机宝石概念

有机宝石是由古代生物和现代生物作用所形成的。符合宝石工艺要求的有机矿物或有机宝石，皆由动物、植物、微生物所衍生的。天然有机宝石色泽温馨、光彩迷人（图4-1-1、图4-1-2）。

二、有机宝石常见品种

市场上常见的如珍珠、琥珀（图4-1-3、图4-1-4）、象牙（图4-1-5、图4-1-6）等。其他还有猛犸牙（图4-1-7）、玳瑁（图4-1-8）、珊瑚（图4-1-9）、煤精（图4-1-10）、羚羊角（图4-1-11）、彩斑菊石（图4-1-12）、鲍贝壳（图4-1-13）、砗磲（图4-1-14）、美乐珠 （图4-1-15）、海螺珠 （图4-1-16）等。养殖珍珠(简称“珍珠”)虽然有部分人工因素，但养殖过程与天然相似，故也归于天然一类。

图4-1-1 珍珠

图4-1-2 琥珀雕件（圆球形的为珍珠）

图4-1-3 缅甸根珀

图4-1-4 琥珀

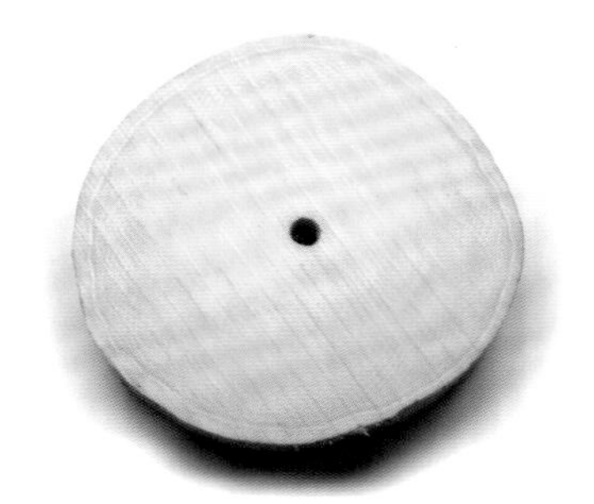

图4-1-5 象牙

图4-1-6 象牙艺术品

图4-1-7 猛犸牙

图4-1-8 玳瑁

图4-1-9 珊瑚

图4-1-10 煤精

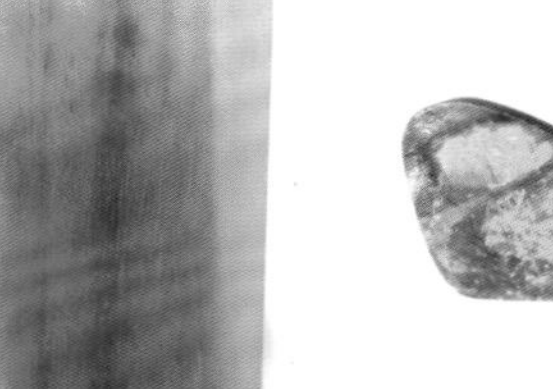

图4-1-11 羚羊角

图4-1-12 彩斑菊石

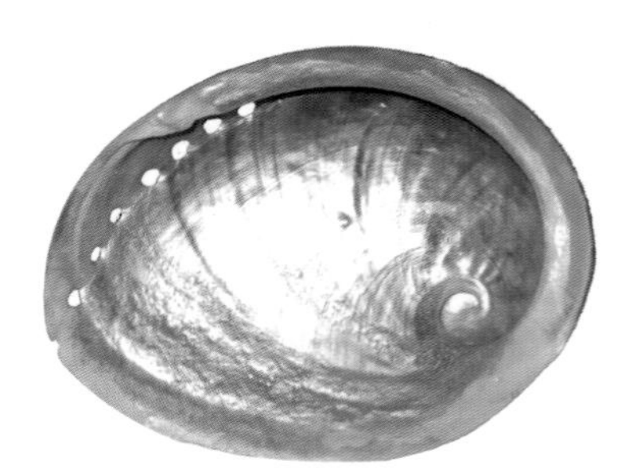

图4-1-13 鲍贝壳

图4-1-14 砗磲

图4-1-15 美乐（Melo）珠

图4-1-16 海螺珠

课后阅读：软体动物门有机宝石

一、珍珠

目前市场上的珍珠有很多种分类的方式，有按照水域命名的淡水珠、海水珠；按照成因命名的养殖珍珠和天然珍珠；按照颜色命名的黑珍珠、金珠；按照产地命名的日本珠、南洋珠等等。传统意义的珍珠均来自于生物学范畴中软体动物门的双壳纲、瓣鳃纲。这里将介绍市场上常见的海水珠和淡水珠。

1. 海水珠

目前市场上主流的海水珠有南洋珠、南洋金珠、塔希提黑珍珠和阿古屋珍珠。

1）南洋珠

南洋珠是一种海水珍珠，产于菲律宾、印度尼西亚、泰国、缅甸、澳大利亚等海域，母贝是软体动物门瓣鳃纲的大珠母贝。中国南部海域（广西北海市）由软体动物门双壳纲的合浦珠母贝生产的合浦珍珠也属于南洋珠。

南洋珠直径在8mm到20mm之间，平均直径在13mm左右。圆形到接近圆形的珍珠约占全部南洋珠的10%~30%，椭圆形、扁平纽扣形和水滴形这类左右对称的珍珠约占全部南洋珠的40%~60%，不规则的异形珠和半异形珠约占全部南洋珠的20%~40%。体色为白色、浅黄色、银色，常带有黄色、橘黄色或蓝色色调，伴色常为粉红色、绿色或蓝色。其中以白色较为珍贵。珍珠层较其他海水珠厚实。

2）南洋金珠

南洋金珠是南洋珠中在国际上都享有盛名的品种，产于澳洲西北部海岸、菲律宾及印尼，母贝是软体动物门双壳纲的金蝶贝。其中澳洲所产金珠偏金色，成色最好，菲律宾所产金珠颜色偏黄。正是基于人们对金珠的喜爱，现在的珍珠优化处理技术也日新月异，金珠常见优化处理方法有染色处理、辐照处理、植有色核处理等方法。

3）塔希提黑珍珠

塔希提黑珍珠，又称大溪地黑珍珠，也是一种南洋珠，产于南太平洋法属波利尼希亚群岛的珊瑚环礁，母贝是软动物门瓣鳃纲的黑蝶贝。

塔希提黑珍珠直径在9mm到14mm之间，平均直径在9.5mm左右。圆形到接近圆形的珍珠约占全部塔希提黑珍珠的40%，椭圆形、扁平纽扣形和水滴形这类左右对称的珍珠约占全部塔希提黑珍珠的20%，不规则的异形珠和半异形珠约占全部塔希提黑珍珠的40%。体色为黑色、深灰色、棕色，常带有蓝色到绿色、紫色或略微黄色调，伴色常为粉红色、绿色或蓝色。

塔希提黑珍珠中以体色为黑色，伴色为孔雀绿色的珍珠最为珍贵。

市场上选购的时候需要注意，塔希提海水珠的直径一般都大于8mm，小于8mm可初步判断为染色，但是最终判断为处理仍然需要进一步验证。

4）阿古屋珍珠

あこや真珠，“あこや”日语读音Akoya，中文谐音为“阿古屋”。

阿古屋珍珠是一种有核海水珍珠，产于日本三重、雄本、爱媛县一带的濑户内海，母贝是软体动物门双壳纲的马氏珠母贝。马氏珠母贝也被称为阿古屋贝。

1893年7月11日在日本鸟羽的相岛（现更名为

“MIKIMOTO珍珠岛”）御木本幸吉成功养殖出世界上第一颗半圆形珍珠，并出展美国芝加哥哥伦布纪念博览会。其后，他又于1905年（明治三十八年）成功实现圆形珍珠（阿古屋珍珠）的养殖，并开始研究黑南洋珠和白南洋珠的养殖方法。

御木本幸吉养殖出的阿古屋的珍珠，有自己的AAA等级评价标准及价格体系，且整体较为稳定，这一系列的措施造就了现代国际上享有很高声誉的阿古屋珍珠，随着公司对阿古屋珍珠的推广和公司知名度的提升，御木本公司（K.MIKIMOTO&CO.,LTD）AAA等级评价标准已经被国际广泛认可，并成为公认的关于阿古屋珍珠的国际性标准。

阿古屋珍珠直径在2mm到11mm之间，市场上常见的珍珠直径在5～9mm，9~10mm以及10mm以上的阿古屋珍珠较罕见。圆形到接近圆形的珍珠约占全部阿古屋珍珠的70%~80%，不规则的异形珠和半异形珠约占全部的20%~30%。阿古屋珍珠体色为白色、浅黄色，常带有黄色、粉红色或蓝色色调，伴色常为粉红色或绿色。阿古屋珍珠光泽是所有珍珠中最强的，有小钢球的美誉。

2. 淡水珠

淡水珍珠是指江、河中产出的珍珠。中国是最大的淡水珠产出国，我国的淡水珠主要养殖区在浙江、江苏、江西、湖北、安徽等地，产淡水珍珠的目前多采用软体动物门瓣鳃纲的三角帆蚌和褶纹冠蚌。

中国淡水珠直径在4mm到14mm之间。圆形到接近圆形的珍珠约占全部中国淡水珠的2%，椭圆形和扁平纽扣形这类左右对称的珍珠约占全部中国淡水珠的2%，不规则的异形珠和半异形珠约占全部中国淡水珠的38%。体色为白色、浅黄色，常带有黄色、橘粉色或紫色调，伴色常为粉红色、绿色或蓝色。

2013年，东方神州珍珠集团下属的核心子公司浙江佳丽珍珠首饰有限公司开始在市场上推广爱迪生有核淡水珍珠。

爱迪生珍珠不但具有常规淡水珍珠及海水珍珠的所有色系，同时还具有深紫、紫罗兰、古铜等特别金属晕彩的颜色品种，珍珠直径一般在11mm以上，正圆率高，表面瑕疵较少。

不管是淡水珠还是海水珠，不管产地是哪里的海水珠，所有的珍珠表面放大到70倍左右都能见到珍珠特有的生长纹（图4-1-17、图4-1-18），这种生长纹可以有效地帮助我们区分珍珠及其仿制品，如果这种纹路被颜料填充，则可以判断为染色处理。

图4-1-17 珍珠表面生长纹

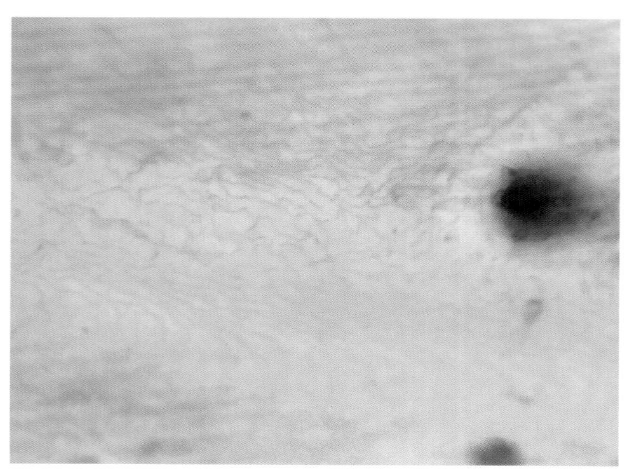
图4-1-18 珍珠表面生长纹及晕彩

二、其他天然海生珍珠

上述提到的珍珠，从生物学的角度属于软体动物门双壳纲的产出，事实上除了双壳纲、瓣鳃纲的软体动物外，其他纲的软体动物门也会发现珍珠，这类珍珠在普通市场流通较少，多出现在各类拍卖会上，例如美乐珠、海螺珠、鲍鱼珠等。

1. 美乐珠（Melo Pearl）

美乐珠（Melo Pearl）是一种没有珍珠层状结构的珍珠，产自美乐海螺（Melo Volutes），这种软体动物门腹足纲的海螺生活在缅甸、印度尼西亚、泰国、柬埔寨、越南等南亚国家的海岸。

美乐珠的颜色有橘红、橘黄、黄、黄褐到近白色，其中以类似于成熟木瓜的强橙色调最为珍贵。陶瓷光泽（Porcellaneous Luster），表面具有特殊的火焰纹路构造（Flame Structure）。不可见伴色和晕彩。

硬度较其他珍珠类高，摩氏硬度约4.5~5。折射率在1.51~1.64。比重在2.75左右。通常为橙红或白垩蓝色荧光。

美乐珠的体积是所有珍珠中最大的，往往会被人误认为是仿制品。

2. 海螺珠(Conch Pearls)

海螺珠，也叫孔克珠(Conch Pearls)，也是一种没有珍珠层状结构的珍珠，产自女皇凤凰螺（Queen/Pink Conch），这种软体动物门腹足纲的海螺生活在中南美洲、加勒比海的海域，孔克珠生长于海螺体内，无法人工养殖。孔克珠的颜色常见于粉红至红色之间，颜色分布不均匀，有些呈现特殊的花纹，陶瓷光泽，不可见伴色和晕彩。

3. 鲍鱼珠(Abalone Pearls)

鲍鱼珠生长于软体动物门腹足纲的鲍鱼体内，附着于鲍鱼壳的单壳上，扁平型，颜色近于鲍鱼壳内壁颜色的一类珍珠。

4. 芥子珠(Keshi Pearls)

芥子珠，也称客旭珠，是某一类型珍珠的商业名称，指那些数量较大，外表呈现黑色和白色，形状古怪不规则的无核海水养殖珍珠。优质的芥子珠以其强的珍珠光泽和彩虹色而著称，南洋珠中有较好质量的芥子珠产出。

第二节　与有机宝石相关的光学名词释义

有机宝石的光学性质包括颜色、光泽、透明度、发光性、特殊光学效应，某些已经在第二章展开过名词解释，这里不再赘述，这一节内容中我们将简要讨论光照条件下观察有机宝石时会看到的现象以及描述该现象的专业术语。需要特别说明的是有机宝石和集合体一样，不可见色散、多色性、双折射现象。

一、有机宝石的颜色

在这里我们会讨论的是珍珠的颜色描述。

珍珠的颜色是珍珠体色、伴色及晕彩的综合特征，描述时以体色描述为主，伴色和晕彩描述为辅。

珍珠的颜色观察一般是在灰色或者白色的背景上，避开色彩明艳的物体，利用北向阳光或者是色温为5500~7200k的日光灯，距离被检测样品15~25cm，滚动珍珠，找出珍珠体色，从珍珠表面反射光中寻找伴色和晕彩。

1. 体色

体色是指珍珠对白光选择性吸收产生的颜色，也可以理解为珍珠本身的颜色。珍珠体色的均匀性可以显示珍珠层的厚度（图4-2-1、图4-2-2）。

珍珠的体色分为5个系列（图4-2-3）。

①白色系列，指珍珠体色为纯白色、奶白色、银白色、瓷白色等。

②红色系列，指珍珠体色为粉红色、浅玫瑰色、浅紫红色等。

③黄色系列，指珍珠体色为浅黄色、米黄色、金黄色、橙黄色等。

④黑色系列，指珍珠体色为黑色、蓝黑色、灰黑色、褐黑色、紫黑色、棕黑色、铁灰色等。

⑤其他系列，指珍珠体色为紫色、褐色、青色、蓝色、棕色、紫红色、绿黄色、浅蓝色、绿色、古铜色等。

图4-2-1 珍珠层薄的珍珠（强反射光下，珍珠中间与边缘颜色反差大，出现与珍珠体色明显不同的浅黑灰色）

图4-2-2 珍珠层厚的珍珠（强反射光下，珍珠整体颜色均匀）

图4-2-3 各色系的珍珠

2. 伴色

伴色是指飘浮在珍珠表面的一种或几种颜色。珍珠可能有的伴色有白色、粉红色、玫瑰色、银白色或绿色（图4-2-4～图4-2-6）。

实际观察时，用反射光照射珍珠表面，固定珍珠位置进行多视角观察。这种现象有时会出现在反射光的高光点附近。

3. 晕彩

晕彩是指珍珠表面或表面下面形成的可飘移的彩虹色（图4-2-7）。晕彩描述不需要描述其颜色，只需要描述其强度，通常用强（图4-2-8）、明显（图4-2-9）、一般（图4-2-10）、不明显（图4-2-11、图4-2-12）四个等级标示。

图4-2-4 黑色系珍珠，伴色从左到右依次为浅粉、粉青色、浅绿色、浅紫

图4-2-5 左边是伴色为浅粉色的白色系珍珠，右边是顶端可见晕彩效应，伴色为白色的红色系珍珠

图4-2-6 黄色系珍珠，左边两个为天然金珠，伴色为不明显的浅绿色；右边两个为染色金珠，伴色基本不可见

图4-2-7 珍珠的晕彩

图4-2-8 强晕彩的珍珠（最大的异形珍珠）

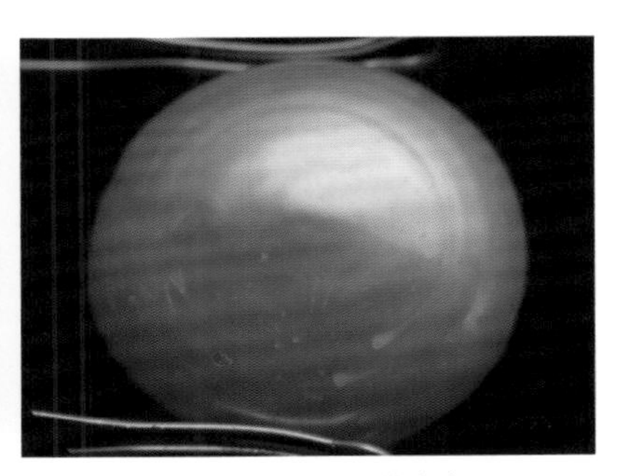

图4-2-9 晕彩明显的珍珠

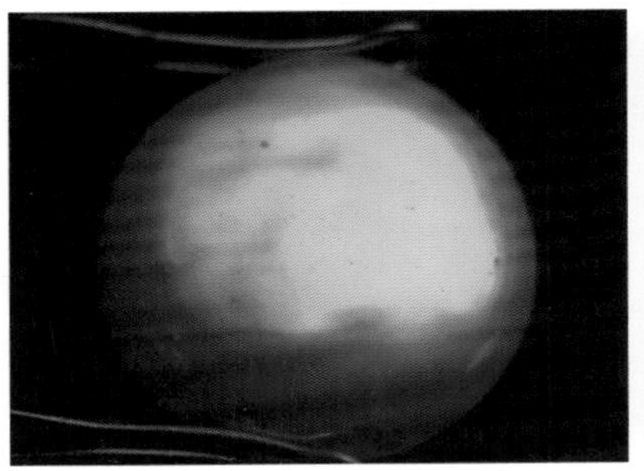

图4-2-10 晕彩一般的珍珠

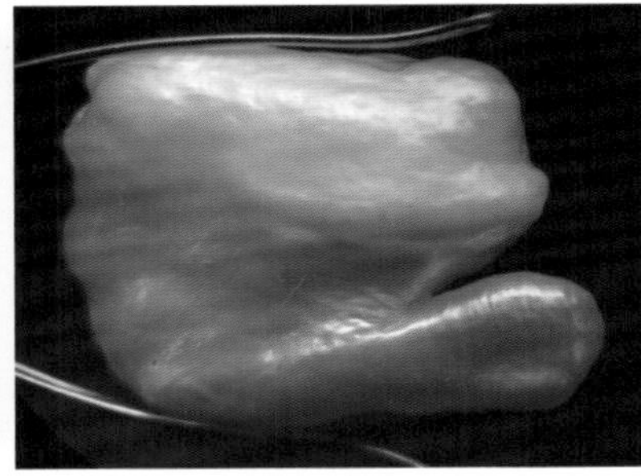

图4-2-11 该异形珍珠上半部分晕彩不明显，下半部分可见明显晕彩

图4-2-12 晕彩不明显的珍珠

二、有机宝石的光泽

本书中涉及的宝石光泽有8种，在第二章中我们已经讨论了晶体中容易见到的金属光泽、金刚光泽、玻璃光泽、油脂光泽这4种，第三章讨论了油脂光泽、丝绢光泽、蜡状光泽。有机宝石中会见到的有珍珠光泽、树脂光泽。

1. 珍珠光泽

浅色透明矿物的极完全的解理面上呈现出如同珍珠表面或蚌壳内壁那种柔和而多彩的光泽。如白云母和透石膏等（图4-2-13、图4-2-14）。

在观察珍珠的时候，对于其光泽有专门分类评价（表1、表2）。一般来说，海水珍珠光泽比淡水珍珠强（图4-2-15、图4-2-16）。

2. 树脂光泽

矿物学中对于树脂光泽是这样界定的，在某些具金刚光泽的黄、褐或棕色透明矿物的不平坦的断口上，可见到似松香般的光泽，如浅色闪锌矿和雄黄等。

具体到有机宝石中，常呈现树脂光泽的宝石为玳瑁，树脂类化石如琥珀、蜜蜡、柯巴树脂等（图4-2-17、图4-2-18）。从实际鉴定中，断口处树脂光泽的强弱可以有效区分琥珀、柯巴树脂这两种树脂类化石（图4-2-19）。

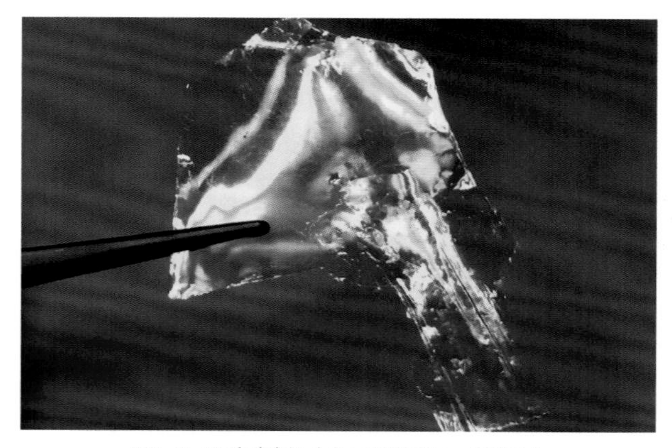

图4-2-13 珍珠光泽（白云母解理面，反射光）

图4-2-14 珍珠光泽（珍珠，反射光）

表1：海水珍珠光泽级别

光泽级别		质量要求
中文描述	英文代号	
极强	A	反射光特别明亮、锐利、均匀，表面像镜子，映像很清晰
强	B	反射光明亮、锐利、均匀，映像清晰
中	C	反射光明亮，表面能见物体影像
弱	D	反射光较弱，表面能照见物体，但影像较模糊
注：宝石级海水珍珠光泽级别至少为中（C）		

表2：淡水珍珠光泽级别

光泽级别		质量要求
中文描述	英文代号	
极强	A	反射光很明亮、锐利均匀，映像很清晰
强	B	反射光明亮，表面能见物体影像
中	C	反射光不明亮，表面能照见物体，但影像较模糊
弱	D	反射光全部为漫反射光，表面光泽呆滞，几乎无映像
注：宝石级淡水珍珠光泽级别至少为中（C）		

图4-2-15 较强光泽海水珍珠（高光点边缘清晰锐利）

图4-2-16 珍珠光泽对比（从左往右第一列为日本珠，第二、三、四列为海水珠，最右边一列为淡水珠）

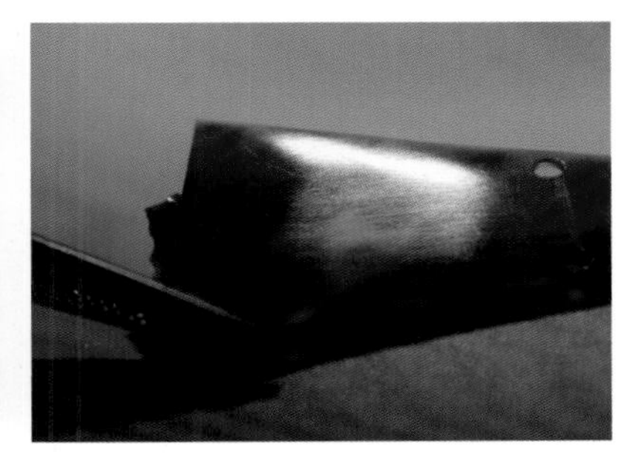

图4-2-17 树脂光泽的玳瑁

图4-2-18 树脂光泽的琥珀

图4-2-19 琥珀（左）和柯巴树脂（右）的断口处树脂光泽对比，琥珀的断口树脂光泽比柯巴树脂强

三、有机宝石的透明度

有机宝石的透明度描述和晶体透明度描述的术语一致，但是观察到有机宝石透明度不均匀时需要单独指出（图4-2-20～图4-2-23）。

透明至半透明有机宝石质地（透明度和结构的叠加现象）有时候可以作为区分其种类的一个重要证据，例如琥珀和柯巴树脂（图4-2-24）。

四、有机宝石的发光性

除了蓝珀（图4-2-25），有机宝石的发光性一般肉眼无法观察出来。

但是在紫外荧光灯下很容易见到荧光现象，有机宝石需要特别注意的是描述荧光的均匀性，因为在紫外光下琥珀等有机宝石荧光一般不均匀（图4-2-26）。

图4-2-20 透明的琥珀

图4-2-21 半透明的羚羊角

图4-2-22 微透明的珍珠

图4-2-23 不透明的煤精

图4-2-24 琥珀（左）和柯巴树脂（右）的质地对比，琥珀的内部质地比柯巴树脂清澈

图4-2-25 在黑色背景上使用强反射光观察多米尼加琥珀（左图，自然光），表面会呈现一种蓝白混合色（右图，强反射光）。这种荧光的混合色有些时候可以作为蓝珀产地的区分依据，例如墨西哥的蓝珀是一种带有明显绿色调的蓝白混合色荧光（图4-2-33），这点和多尼米加琥珀明显不同

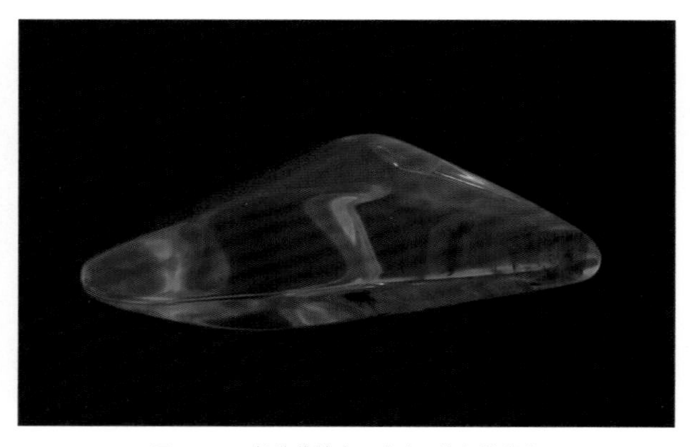

图4-2-26 长波紫外光下琥珀不均匀的荧光

五、有机宝石的特殊光学效应

有机宝石中珍珠常见的晕彩效应，其他特殊光学效应在有机宝石中少见。

珍珠的晕彩效应是指在珍珠的表面或表面下可飘移的彩虹色。

能观察到晕彩效应的有机宝石有珍珠（图4-2-27）、鲍贝壳、彩斑菊石（图4-2-28）等。

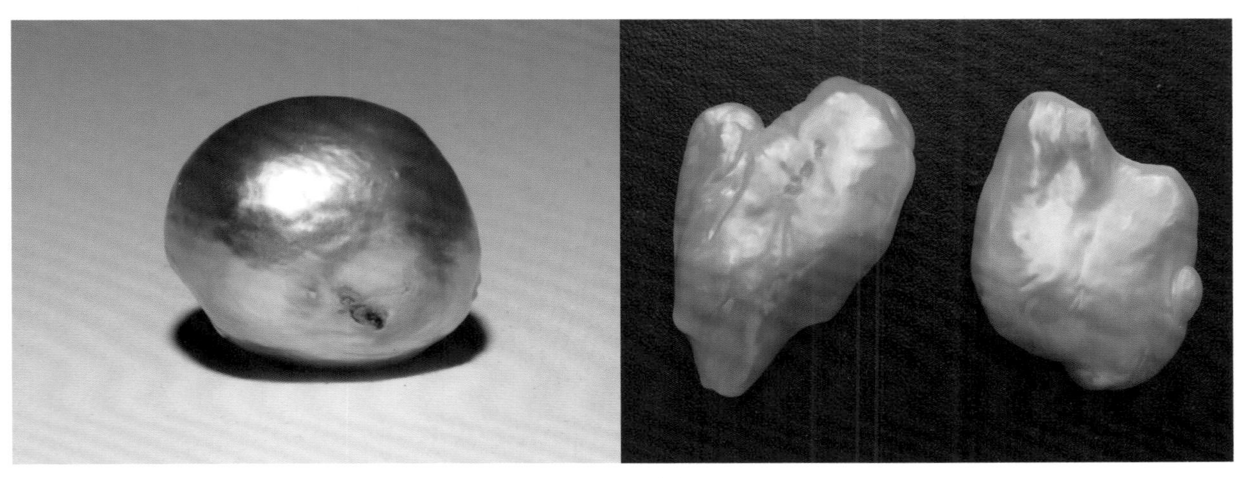

图4-2-27 珍珠

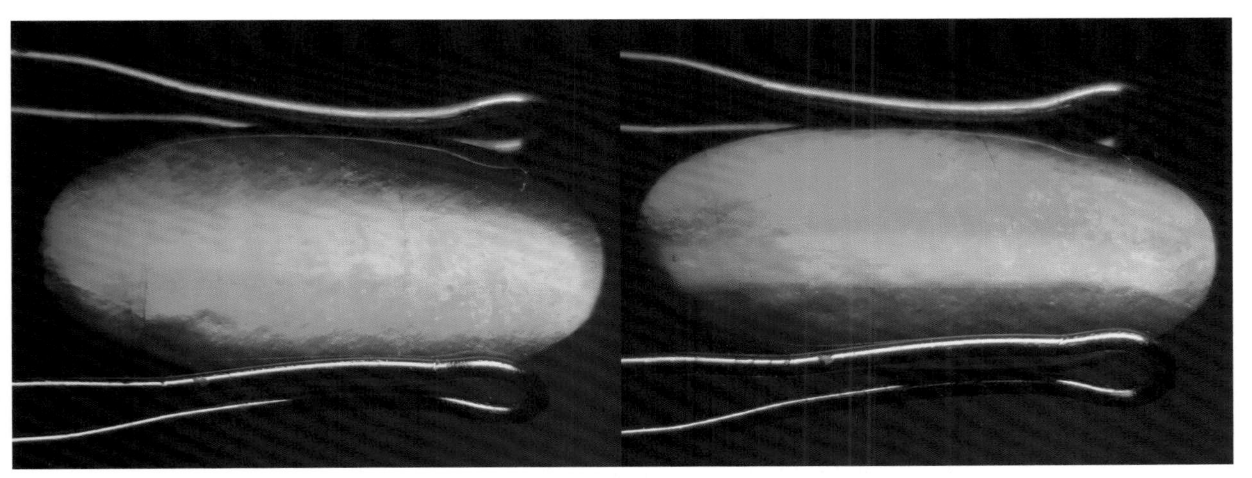

图4-2-28 彩斑菊石的晕彩效应（反射光）

课后阅读：化石类有机宝石

一、琥珀

1. 琥珀形成

琥珀是中生代白垩纪至新生代第三纪松柏科植物的树脂，经地质作用而形成的有机混合物。琥珀的形成一般有三个阶段，第一阶段是树脂从柏松树上分泌出来；第二阶段是树脂被深埋，并发生了石化作用，树脂的成分、结构和特征都发生了明显的变化；第三阶段是石化树脂被冲刷、搬运、沉积和发生成岩作用从而形成了琥珀。

2. 琥珀的分类

根据《GB/T 16553-2010珠宝玉石鉴定》国家标准，将琥珀分为蜜蜡、血珀、金珀、绿珀、蓝珀、虫珀和植物珀。

蜜蜡是指半透明到不透明的琥珀（图4-2-29、图4-2-30）。血珀是指棕红色至红色透明的琥珀（图4-2-31）。金珀是指黄色至金黄色透明的琥珀（图4-2-32）。绿珀是指浅绿色至绿色透明的琥珀，较稀少。蓝珀是指透视观察琥珀体色为黄、棕黄、黄绿和棕红等色，自然光下呈现独特的不同色调的蓝色，紫外光下更明显。主要产于多尼米加（4-2-25）、墨西哥（图4-2-33）等。虫珀是指包含有昆虫或其他生物的琥珀。植物珀是指包含有植物（花、叶、根、茎、种子等）的琥珀。

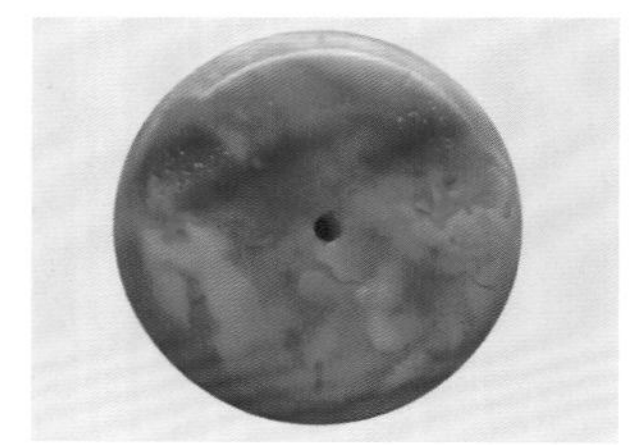
图4-2-29 蜜蜡

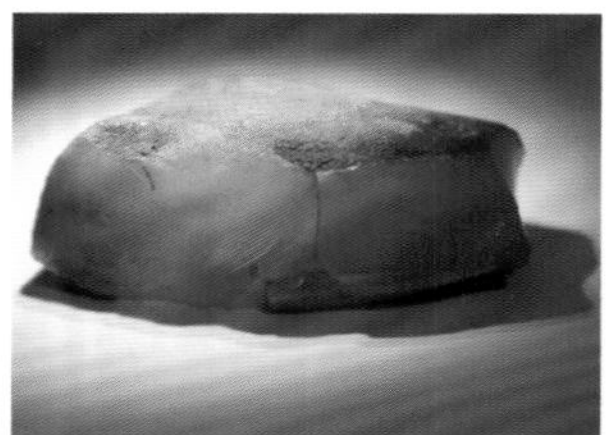
图4-2-30 蜜蜡

图4-2-31 血珀

图4-2-32 金珀（从左向右，第三个是虫珀）

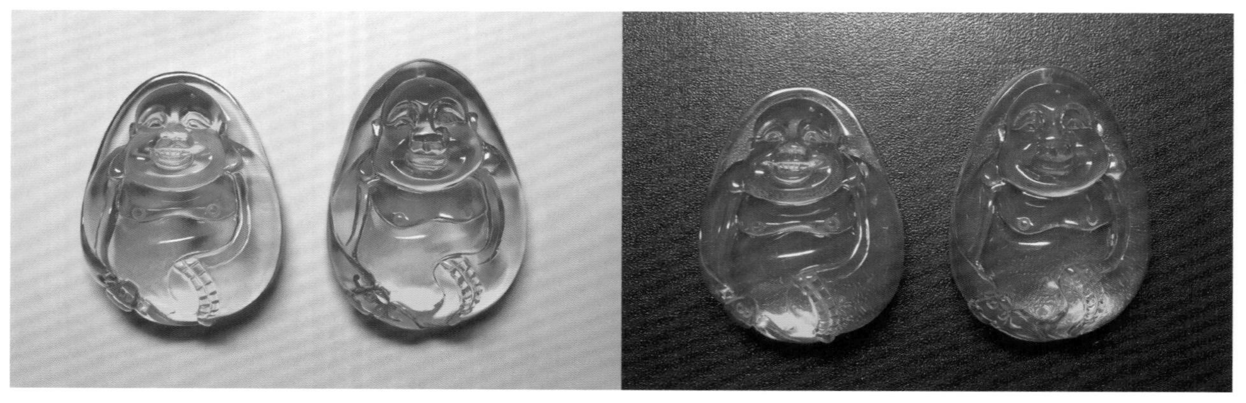
图4-2-33 白反射光、白色背景下，蓝珀体色呈金黄色（左）；白反射光、黑色背景下，体色呈蓝色（右）

3. 琥珀常见内部特征

琥珀内部常见气泡、扁平状裂隙（图4-2-34）、裂隙流动状纹理（图4-2-35）、流纹（图4-2-36、图4-2-37）、矿物包体和动植物包体（图4-2-38）、气液两相包裹体（图4-2-39）等。

4. 琥珀主要仿制品

琥珀的仿制品常见有天然树脂类、塑料两大类。

天然树脂根据其固化时间、是否经历地质作用，经历地质作用时间由短到长依次分为硬树脂、松香、柯巴树脂、琥珀。其中硬树脂、松香、柯巴树脂（图4-2-40）是琥珀常见的天然仿制品。

塑料是常见的琥珀人工宝石仿制品（图4-2-41），塑料仿琥珀可以从流纹的形态（图4-2-42~图4-2-44）、裂隙（图4-2-45）等几个方面进行区分。

图4-2-34 琥珀的扁平状裂隙（暗域照明法，40X）

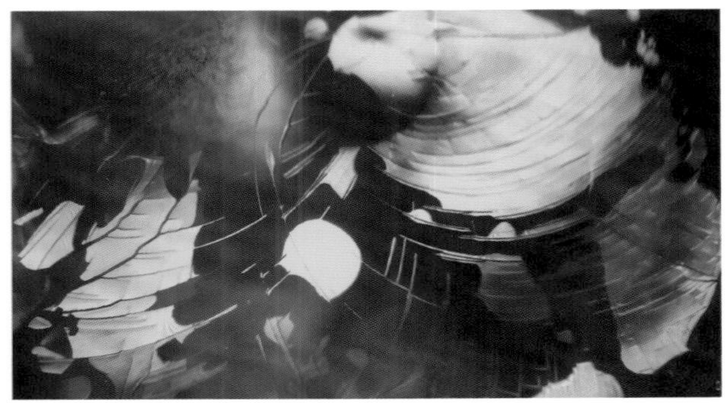

图4-2-35 琥珀的裂隙流动状纹理（暗域照明法，40X）

图4-2-36 琥珀的流纹（暗域照明法，20X）

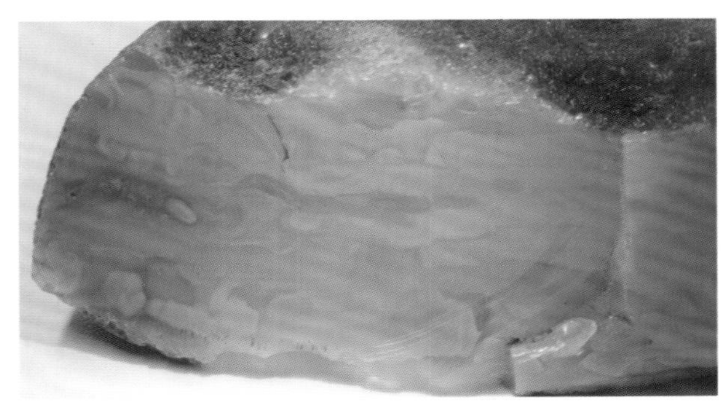

图4-2-37 蜜蜡的流纹

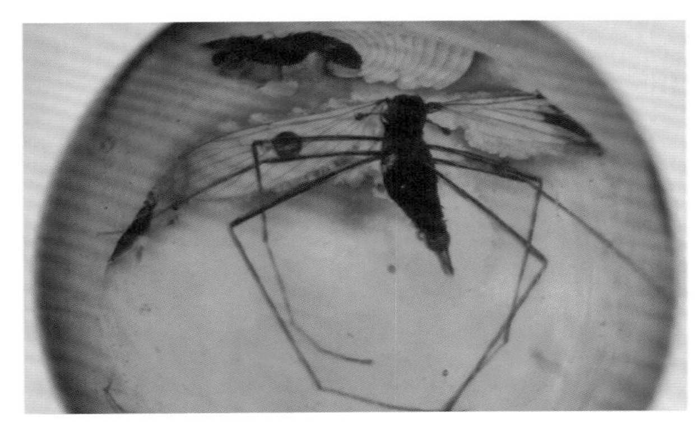

图4-2-38 琥珀内的昆虫（暗域照明法，40X）

图4-2-39 琥珀内的气液两相包裹体（暗域照明法，20X）

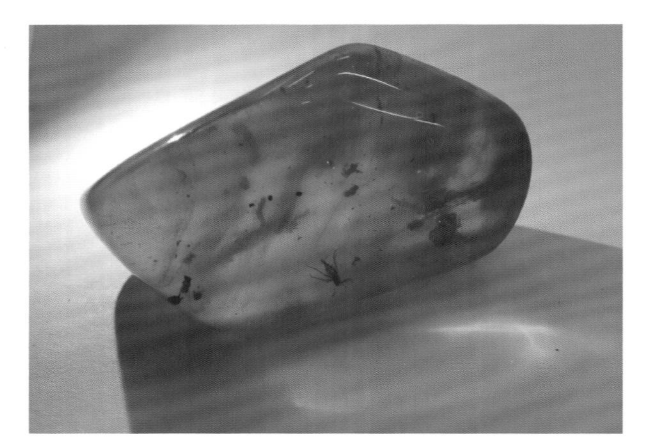

图4-2-40 柯巴树脂

图4-2-41 塑料

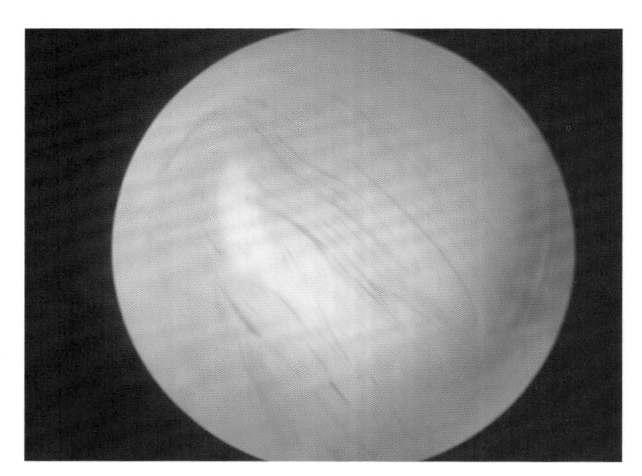

图4-2-42 塑料的流纹（(垂直照明法，30X)）

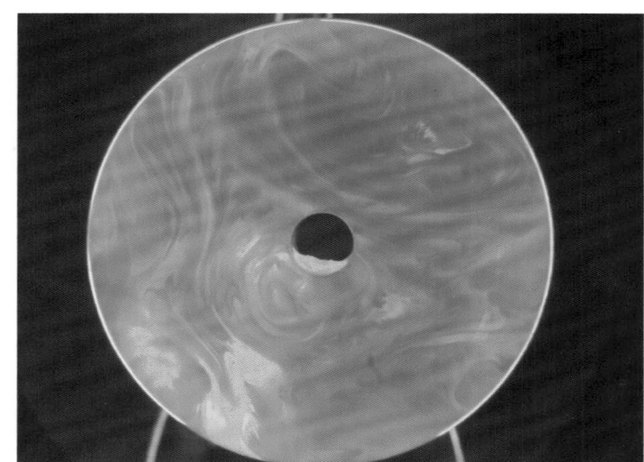

图4-2-43 塑料的流纹（暗域照明法，10X）

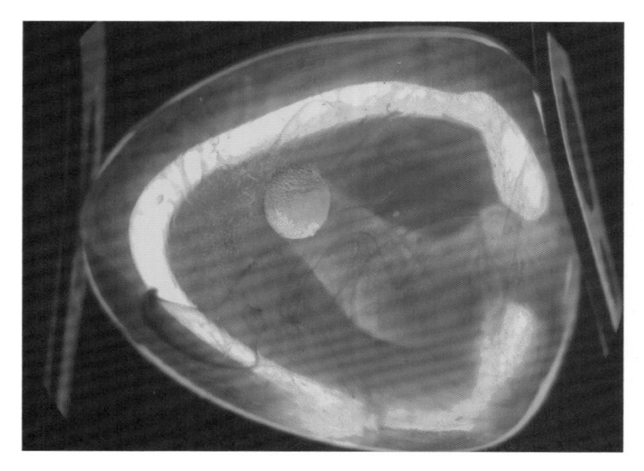

图4-2-44 塑料的流纹（暗域照明法，10X）

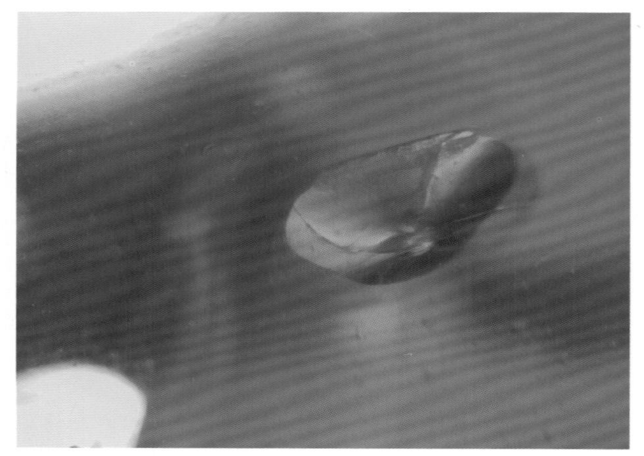

图4-2-45 塑料的裂隙（暗域照明法，40X）

5. 琥珀主要产地

市场上，根据生成地质环境，常见琥珀分为海水琥珀、岩层琥珀、煤层琥珀。根据产地，琥珀分为俄罗斯琥珀、乌克兰琥珀、缅甸琥珀和墨西哥琥珀。

①波罗的海沿岸

波罗的海沿岸众多的国家中著名的琥珀产地国家是乌克兰、波兰、立陶宛以及俄罗斯。

波罗的海沿岸的琥珀矿层，因分布于沿海地区，有的还伸入水下。随着海浪对矿层的侵蚀，琥珀被剥离出来。因其相对密度低于海水，透明度高，可在水面上漂浮，称海珀，也称海石。

②缅甸。

缅甸琥珀产自于缅甸北部克钦邦胡康河谷。属于深埋于地下，开采不易的岩层琥珀，该产地常见品种有金珀、根珀（图4-2-46）和棕珀。

③抚顺琥珀产地。

抚顺琥珀出产于中国辽宁抚顺西露天煤矿。多伴有杂质的属于煤层琥珀。该中国宝石级琥珀和昆虫琥珀的唯一产区。

④多米尼加

多米尼加蓝珀产于加勒比海大安的列斯群岛中。该产地最著名的品种是蓝珀。

⑤墨西哥琥珀产地。

墨西哥琥珀产自墨西哥的东南部恰帕斯州。该产地最著名的品种是带绿色调的蓝珀。

二、猛犸象牙

猛犸象是灭绝于1.2万年前的大型哺乳动物。猛犸象群居在西伯利亚高原上，在至少一万年前因为地壳变动而被活埋的一部分猛犸象，其象牙未变为化石或半化石。

猛犸象牙也称古象牙，是指古哺乳动物猛犸象（长毛象）未经完全化石化的上门牙及臼齿，属于史前生物的遗存。它们大多保存在西伯利亚和阿拉斯加等地的冻土层中。前者主要见于勒纳河与其他流北冰洋的河流流域，后者曾见于阿拉斯加育空河流域。

猛犸象牙既长又向上弯曲，大部分的猛犸象牙已经不能用于雕刻，成品率只有20%左右，优质的化石象牙可与象牙媲美。一些被铁铜磷酸盐浸染而呈蓝色或绿色的化石象牙，则称“齿胶磷矿”，可作为象牙替代品，材料多进口于西伯利亚。

1990年1月18日，我国作为《濒危野生动植物种国际贸易公约》(又称《华盛顿公约》)成员国，正式执行相关的全面禁止非洲象牙及其制品国际贸易的公约。“禁牙”令发布后，我国不再进口象牙，值得庆幸的是联合国相关组织并不禁止猛犸象牙用于加工贸易，由此南派象牙雕刻工艺中猛犸化石象牙成了主要的替补对象。

图4-2-46 缅甸根珀及流纹

目前，猛犸象牙加工已形成了自己独特的风格，有的猛犸象牙工艺品会保留“牙皮”，突现古朴凝重的风格（图4-2-47）。

三、煤精

煤精，又称煤玉，是一种特殊的煤，系远古森林中油质丰富的坚硬树木被洪水冲到低洼之处，经过地壳变迁、高温和地下压力的泥化作用，形成的一种黑色结晶体。煤精成因必须是由一定的地质年代生长的繁茂植物，在适宜的自然环境中，逐渐堆积成厚层，并埋没在水底或泥沙中，再经过漫长的地质年代的天然煤化作用而成。

煤精，具有明亮的沥青、金属光泽，黑色，致密，韧性大，条痕色为巧克力色。比一般煤轻。煤精可用于制作工艺美术品、雕刻工艺品和装饰品，故有的人称它为雕刻漆煤。煤精的产地有赤峰、抚顺、铜川、大同、内江、智利、德国。中国的煤精以产自辽宁省抚顺市的为最佳，是辽宁特有的工艺宝石之一。

此外还有一种煤根石，是煤的一种石化现象，呈灰黑色略带蓝黑，属传统的名印石之一。煤根石的色泽亮度均不及煤精，唯在篆刻上稍强于煤精，是收藏家们珍视的罕见、珍稀印石之一。

四、彩斑菊石

彩斑菊石是菊化石科生物化石，能达到宝石级的品种，其主要特点是具有斑斓的变彩效应（图4-2-48）。彩斑菊石的产地有加拿大、马达加斯加、美国、英国等，其中加拿大的彩斑菊石适合加工，切割下来可以制作成宝石成品，我国大陆见到的彩斑菊石主要来自马达加斯加，适合观赏和把玩。

彩斑菊石变彩效应出现的原因不是菊石的欧泊化。彩斑菊石表层为方解石相，表层之下为文石相，其变彩效应仅限于表层，表层破坏后变彩效应消失。彩斑菊石变彩效应形成的原因是以缝合线为边界，其组成成分方解石的表层斑块的厚度变化引起的对于可见光的干涉作用，随着宝石的移动，光线入射角度发生改变，产生干涉作用的光线光程差相应变化，因此干涉作用产生的颜色发生变化。

图4-2-47 猛犸牙雕件（反射光，左正面，右边背面）

图4-2-48 彩斑菊石

第三节　与有机宝石相关的力学性质释义

宝石的力学性质有7个现象分为4类，分别是解理、裂理和断口3个现象属于一类，其他3类分别是硬度、密度和韧性，在这里我们将会讨论与有机宝石相关的断口、硬度、相对密度。

一、有机宝石的断口

有机宝石中常见贝壳状断口（图4-3-1～图4-3-3）。

二、有机宝石的硬度

有机宝石的硬度在 2 到 7 之间，这种特性使得有机宝石易于加工，同时也使得有机宝石在后期佩戴、保养的过程中需要注意避免和其他较硬物质接触，以免有机宝石表面损伤。

三、有机宝石的相对密度

有机宝石的相对密度因成分差异相差很大，例如珍珠的密度在2.60到2.85之间，而玳瑁仅有1.29。

这里要特别说明的是琥珀，无肉眼可见内含物的琥珀密度是1.32，通常浮于饱和盐水之上，这是区分琥珀和大部分塑料仿制品的最简便鉴别方式。对于内部有内含物的琥珀不适用此方法（图4-3-4）。

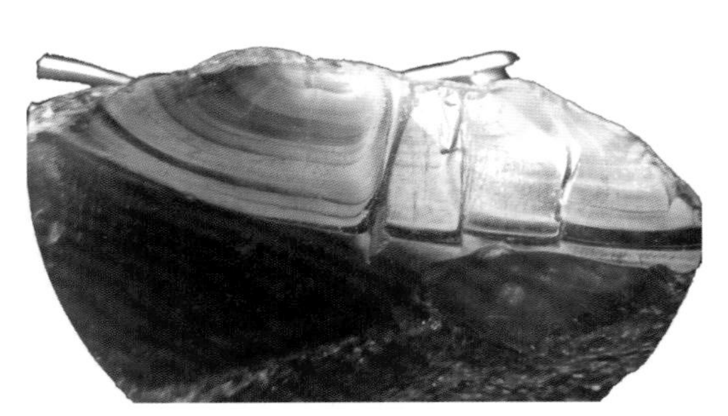

图4-3-1 琥珀贝壳状断口的不同花纹

图4-3-2 琥珀贝壳状断口的不同花纹

图4-3-3 琥珀贝壳状断口的不同花纹

图4-3-4 天然及改善琥珀与琥珀仿制品的饱和食盐水实验，实验结果中悬浮的是天然及处理琥珀（右上），下沉的是塑料（右下）

课后阅读1：珊瑚

一、珊瑚

珊瑚虫是一种海生圆筒状腔肠动物，在白色幼虫阶段便自动固定在先辈珊瑚的石灰质遗骨堆上。

珊瑚是珊瑚虫分泌出的外壳，珊瑚的化学成分主要为碳酸钙，以微晶方解石集合体形式存在，成分中还有一定数量的有机质，形态多呈树枝状，上面有纵条纹，每个单体珊瑚横断面有同心圆状和放射状条纹。珊瑚和珊瑚礁是两种不同的品种。

宝石级的珊瑚也称贵珊瑚，根据成分分为角质珊瑚和钙质珊瑚两种。

1. 角质珊瑚

角质珊瑚主要称为有机质。常见黑色、金色、蓝色等，密度为1.34g/cm^{3}左右，市场上少见（图4-3-5）。

2. 钙质珊瑚

钙质珊瑚成分为碳酸钙和含量不超过7%的有机质成分。常见红色、粉红色、橙红色、白色、蓝色、金色等，密度在2.6~2.7g/cm^{3}之间（图4-3-6）。

市场上流行的红珊瑚品种有阿卡红珊瑚、么么红珊瑚、沙丁红珊瑚等。

需要特别说明的是阿卡红珊瑚、么么红珊瑚、沙丁红珊瑚并不是单一依据珊瑚的品种、颜色深浅、品质等级划分的，而是一种市场划分，是产地及品质划分两者的综合。三种珊瑚中阿卡红珊瑚价值最高，么么红和沙丁红珊瑚次之。

1）阿卡红珊瑚

全名叫赤珊瑚（图4-3-7）。aka是日本“赤”的读音，血赤读音是chiaka，中文音译是阿卡。阿卡红珊瑚生长于日本海域以及小部分台湾海域。

1853年在黑船事件之后，日本的阿卡红珊瑚被迫开放门户，被西方人运到欧洲去售卖，这种高品质的珊瑚被称为阿卡红珊瑚。阿卡红珊瑚即日本产的高品质珊瑚，因此日本阿卡和台湾阿卡的价格存在差异。

阿卡红珊瑚中最好的颜色为牛血红，但是绝大部分原枝阿卡红珊瑚颜色分布不均匀，都存在有白芯。白芯，日语称之为“フ”，读音是“fu”。白芯是珊瑚原枝中心有如象牙般的白色部分。这是阿卡红珊瑚区别于其他红珊瑚最重要的特征之一。

阿卡红珊瑚由于生长在海面下较深水域，珊瑚枝的形状不是横截面为正圆形的圆柱状，而是正面略平，背面有弧度的形态，植株较小。也正是由于生活在较深海域，阿卡红珊瑚在深海一直承受着很大的压力，进而珊

图4-3-5 金珊瑚结构（垂直照明法，20X）

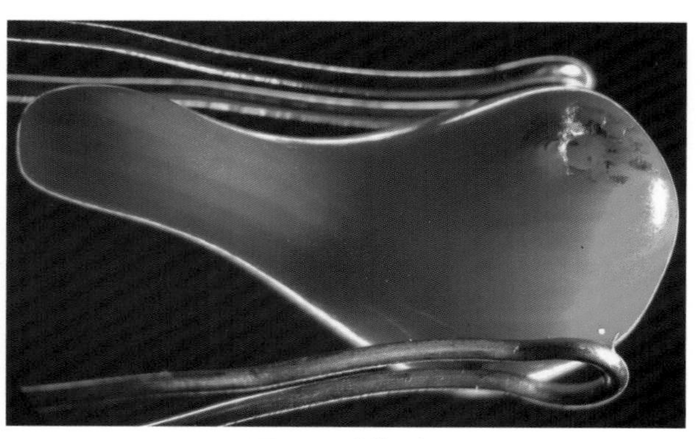

图4-3-6 竹节珊瑚

瑚内存在产生抵抗外部压力的应力。当阿卡红珊瑚被打捞出海面后，外压减小，内应力释放，从而形成了或深或浅的裂纹。沙丁红珊瑚和么么红珊瑚这种应力纹少见。

阿卡红珊瑚有正反面之分，一般正面颜色红、质地通润（透光性好）、光泽好，背面白心和虫眼瑕疵较多。

切磨过的阿卡红珊瑚有类似玻璃一样微透的质感和质地，看上去有晶莹微透的感觉，珊瑚特有的同心圆状和放射状条纹不明显（图4-3-8）。

2）么么红珊瑚

桃珊瑚的日文是モモイロサンゴ，读音为“Momoirosango”，简称为MOMO，音译为中文就是么么（图4-3-9）。

么么家族是珊瑚里面庞大而复杂的一个分类，除了阿卡和沙丁，剩下的都可以划分到么么家族。

么么珊瑚主要产于台湾海域，颜色也很丰富，桃红色、粉色、浅粉色以及橙色等，也存在白芯。总体来说，么么珊瑚颜色以浅色系的红色居多，能达到阿卡一样红度的朱红、深红么么珊瑚，并不多见，如果真有颜色接近的也只能称为阿卡级珊瑚而不是阿卡珊瑚。

么么珊瑚中较为著名的品种有血桃珊瑚、“孩儿面”、“凤凰”、SUKACHI。

血桃珊瑚：颜色和品质接近阿卡的么么珊瑚，一般颜色比较红，带有橘色调或黄色调。

“孩儿面”，也称“天使肌肤”，日文是本ボケ，本BOKE，英文AngelSkin。指代颜色粉嫩、均匀的深海水珊瑚。

“凤凰”，也称“殊品”，日文是マガイ，MAGAIBOKE，英文Phenix，相比“孩儿面”颜色略深，颜色渐深，越不均匀。

带有很多白点的么么珊瑚称为SUKACHI。

么么珊瑚质地介于阿卡和沙丁之间，但么么珊瑚质地更接近于阿卡，与阿卡珊瑚不同的是，么么珊瑚是类似瓷器一样的瓷实质地，珊瑚特有的同心圆状和放射状条纹要清晰一些（图4-3-10）。

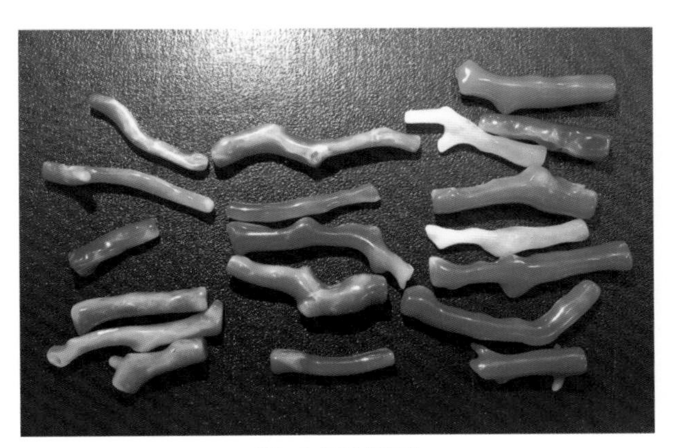

图4-3-7 阿卡珊瑚

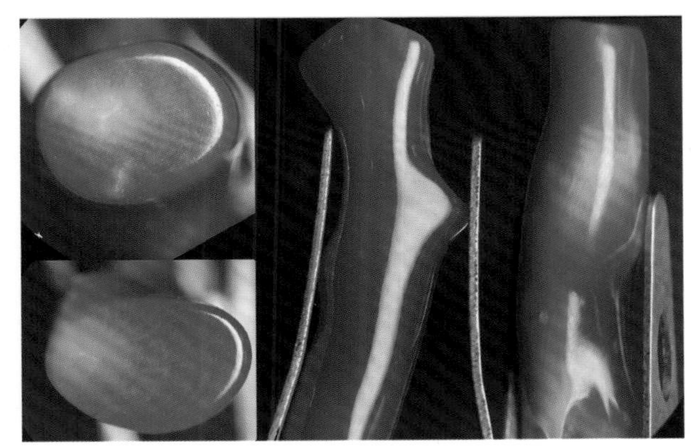

图4-3-8 阿卡珊瑚横纵截面对比

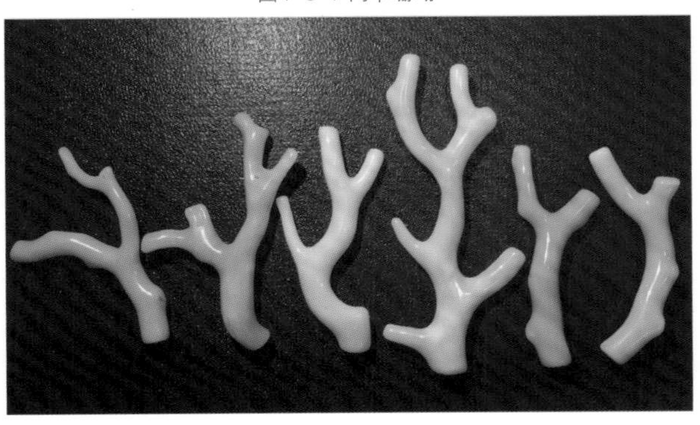

图4-3-9 么么珊瑚

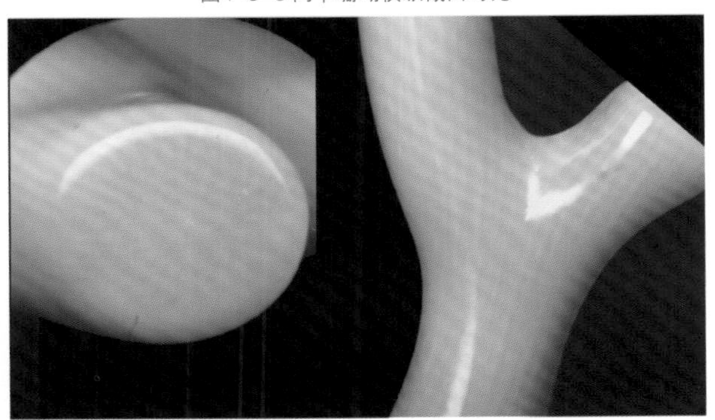

图4-3-10 么么珊瑚横纵截面对比

3）沙丁红珊瑚

沙丁珊瑚是特指生长在意大利撒丁岛附近海域的深水珊瑚，因为经营者大多为意大利人，所以也有将沙丁称为“意大利珊瑚”（图4-3-11）。随着珊瑚时代变迁，沙丁珊瑚是泛指地中海的深水珊瑚。主要产自欧洲地中海撒丁岛附近海域。过去人们称意大利沙丁岛产的珊瑚为沙丁。但现在已经将沙丁看作一个品种，也就是说，只要某一海域，色彩硬度等在一个范围内的都可以称为沙丁珊瑚。沙丁珊瑚一般生长在海面以下50m到120m左右，是在所有的贵珊瑚里面生长区域较浅的，因此应力纹少见。

沙丁珊瑚颜色类似阿卡，常见橘色、橘红、朱红、正红、深红，但是能达到阿卡珊瑚最深的颜色，沙丁珊瑚总体特点是色泽红润统一，没有白芯。市面上常见的手链、项链类珊瑚珠宝产品多为此料（图4-3-12）。

沙丁密度是几种贵珊瑚里最小的，相对比较疏松，因此没有切磨过的阿卡珊瑚和么么珊瑚质地细腻和透光性好，容易发白、发乌、褪色（图4-3-13、图4-3-14）。

图4-3-11 沙丁珊瑚

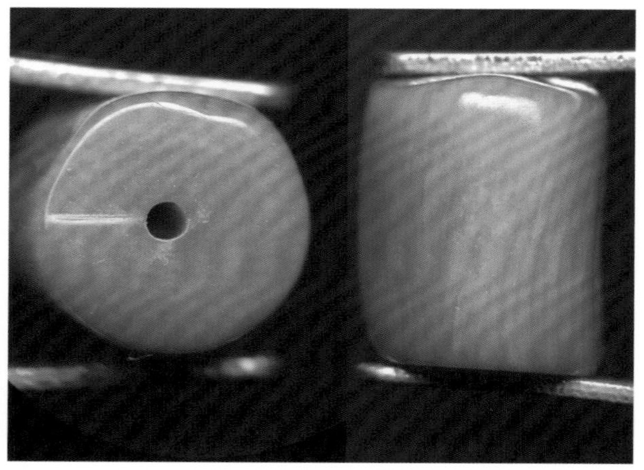

图4-3-12 沙丁珊瑚横纵截面对比

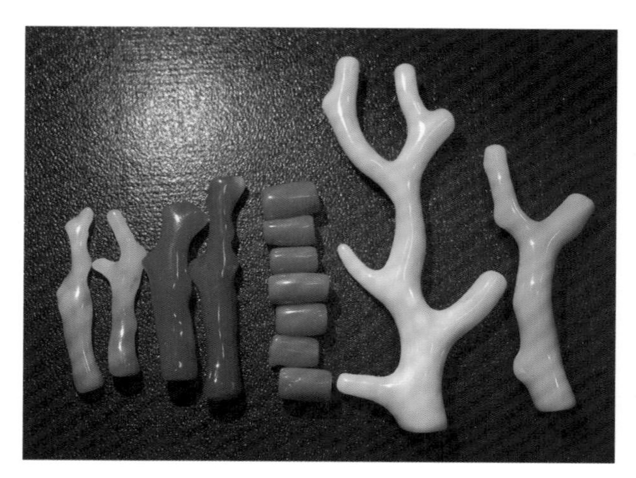

图4-3-13 阿卡珊瑚（左1和左2）、沙丁珊瑚（左3）、么么珊瑚（右1和右2）的质地对比

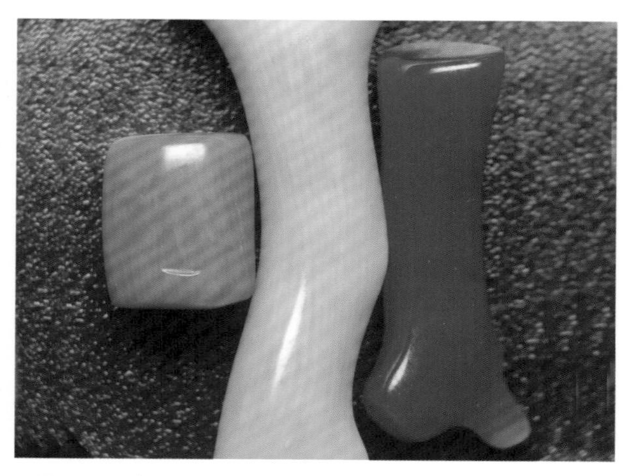

图4-3-14 沙丁珊瑚、么么珊瑚、阿卡珊瑚的生长纹的明显程度对比

课后阅读2：数量稀少的有机宝石

一、砗磲

砗磲（图4-3-15）是软体动物门瓣鳃纲砗磲科生物的统称，有两属十种，广泛分布于热带珊瑚礁海域。据2003年出版的《中国海洋贝类图鉴》，在我国分布的有六种，它们是：大砗磲、无鳞砗磲、鳞砗磲、长砗磲、番红砗磲和砗蚝，其中有五种的壳长可以达到50cm。大砗磲是最大的一种双壳贝类，有记录的最大个体壳长达1.3m，体重500kg，年龄在60年以上。在生长上也表现出极大的优越性，一只壳长可达40cm，体重15kg。砗磲主要分布于印度洋、太平洋海域。在印尼、缅甸、马来西亚、菲律宾、澳大利亚等国的低潮区附近的珊瑚礁间或较浅的礁内较多。我国的海南省、台湾省和南海诸岛也有较为广泛的分布。

十种砗磲中，大砗磲，又称库氏砗磲，属于国家一级保护动物，又被列入《濒危野生动植物种国际公约》（CITES），属二类物种。鳞砗磲属国家二级保护野生动物。其他种类未被提及。

砗磲在市场上常被切磨为圆球状，沿着某一直径方向打孔（图4-3-16），用来制作手链或者项链，砗磲不均匀的透明度（图4-3-17），抛光时表面的特殊纹理是其与玻璃、塑料等仿制品区分的重要特征（图4-3-18）。

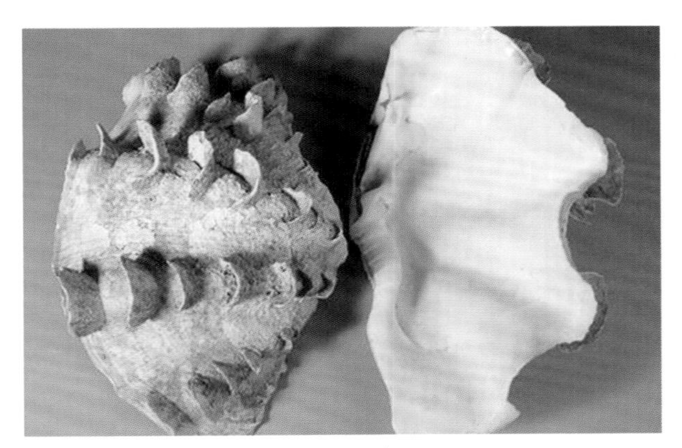
图4-3-15 砗磲

图4-3-16 金丝砗磲

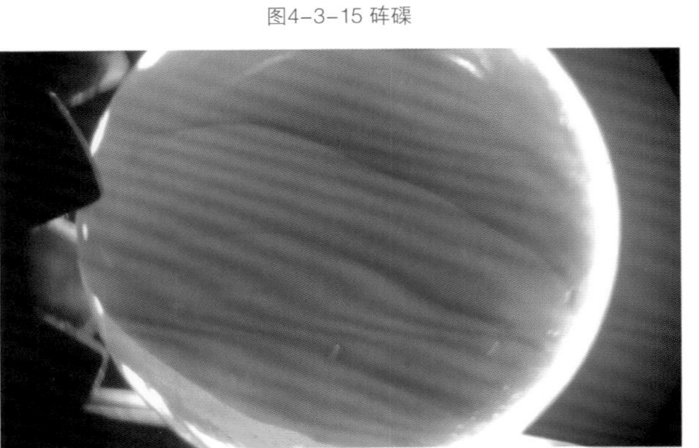
图4-3-17 金丝砗磲不均匀的透明度（10X，暗域照明法）

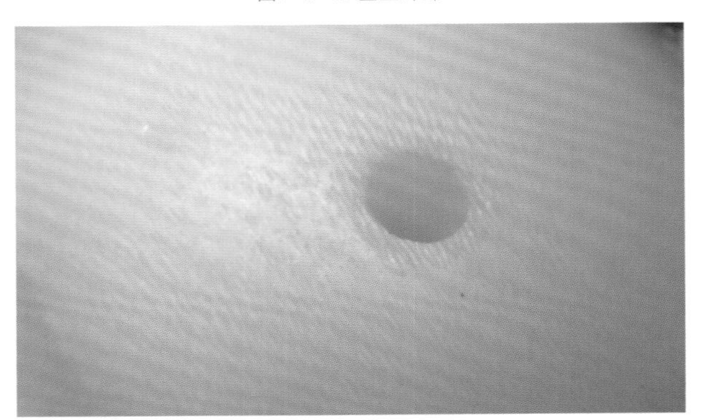
图4-3-18 金丝砗磲表面花纹（40X，垂直照明法）

二、象牙

象牙狭义地说是雄性的象的獠牙，往往被加工成艺术品、首饰或珠宝（图4-3-19）。此外它还被加工为台球和钢琴键，是一种非常昂贵的原材料。牙齿和獠牙本来是同样的物质。牙齿是特别的、用来咀嚼的结构。獠牙是伸长的，伸出嘴唇的牙齿，它们从牙齿演化出来，一般作为防御武器。为了保护大象免遭杀害，1973年有21个国家的全权代表受命在华盛顿签署了《濒危野生动植物种国际贸易公约》，该公约严格限制象牙贸易，中国于1981年加入该公约。虽然大象一生要换6次牙，但由于亚洲文化中对于象牙的喜好，象牙需求量巨大，在大象的栖息地存在大量非法猎杀大象获取象牙的事件，此外，基于象牙贸易是非洲部分国家非常重要的经济来源，为了亚洲地区牙雕传统文化的传承，该公约于2008年批准中国和日本成为象牙合法进口国。

象牙横切面从外向内通常分为4层（图4-3-20）：

①粗同心纹层，厚度较薄，仅0.5～3mm。

②粗勒兹纹层，牙本质，具重要的鉴定意义，指向牙心的两组纹理的最大夹角大于120°（图4-3-21），平均夹角大于110°。从象牙的牙根至牙尖，粗勒兹纹理的夹角逐渐递减，纹理线间距较宽，为1～2.5mm。

③细勒兹纹层，指向牙心的两组纹理的夹角逐渐变小，一般小于90°，纹理线间距很窄，为0.1～0.5mm。

④细同心纹层，含空腔。

象牙的纵切面上有一组若隐若现的微波状纹理近平行断续分布（图4-3-22）。

象牙的特征勒兹纹理，是区分象牙、猛犸牙、象牙果、塑料等仿制品的重要特征。

猛犸象牙（图4-3-23）在横截面上，猛犸牙具有与象牙相似的同心层状生长构造（图4-3-24），但其差异在于：粗同心纹层（A层）的厚度相对较大，局部“V”型裂隙发育；粗勒兹纹层（B 层）中指向牙心的两组纹理的夹角相对较小，最大夹角小于95°。在纵切面上，猛犸牙的微波状纹理不甚明显，可见直线状纹理（图4-3-25、图4-3-26）。

三、盔犀鸟头骨

盔犀鸟是旧大陆的一类热带鸟，属佛法僧目，犀鸟科，盔犀鸟属。头骨像头盔，套在突出的喙上面。产于缅甸南部、泰国南部、马来半岛、婆罗州和苏门答腊等地500m以下的低海拔森林中。用其头骨因其头冑为实心，外红内黄，质地细腻，易于雕刻，堪比象牙，常制成各种工艺品，被广为收藏，也称为鹤顶红。

鹤顶在元代已入中国，但广为国人所知则是郑和下西洋之后。朝廷的官员多用于制杯、腰带等以资赏玩。明中叶后国力渐渐减弱，出产国不再进贡，因此鹤顶红逐渐变少因而更加贵重；至清初实施海禁政策，与产地贸易断绝，在中国遂至绝响。盔犀鸟是华盛顿公约(CITES)一级保护物种（极其濒危，禁止其国际贸易）。

五、虎牙及虎骨、羚羊角及犀牛角

面对亚洲本地大象栖息地的消失及进口象牙的减少，虎牙及虎骨、羚羊角及犀牛角等成为牙雕行业中象牙替代品之一。

虎牙，猫科动物虎的上颚獠牙，暗白而形长，牙根粗，一只成年虎只有四颗这样的獠牙，上颚两颗，下颚两颗。由于人类对老虎的过度捕杀以及对野外环境的不合理开发，导致老虎的数量减少和野外栖息地缩小，现老虎已成为珍稀濒危物种，被列为国家一级保护动物。

羚羊角，雄性牛科动物赛加羚羊（Saiga Tatarica）的角。分布于新疆西北部的边境地区。赛加羚羊已被列入《世界自然保护联盟》（IUCN）2012年濒危物种红色名录ver3.1——极危（CR），严禁狩猎。

犀牛角，即犀角，为犀科动物印度犀、爪哇犀、苏门犀等的角。

图4-3-19 象牙手镯

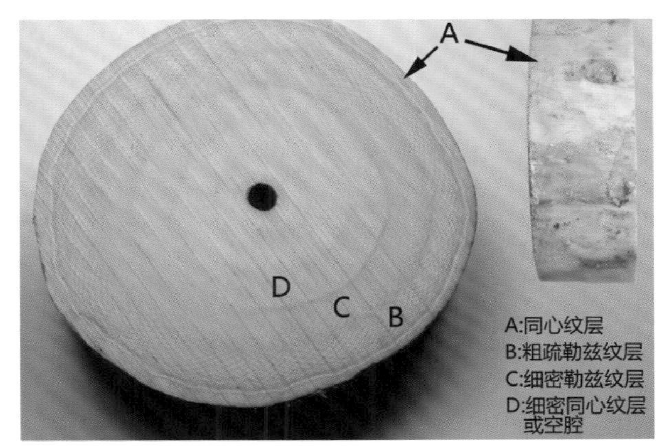

图4-3-20 象牙结构

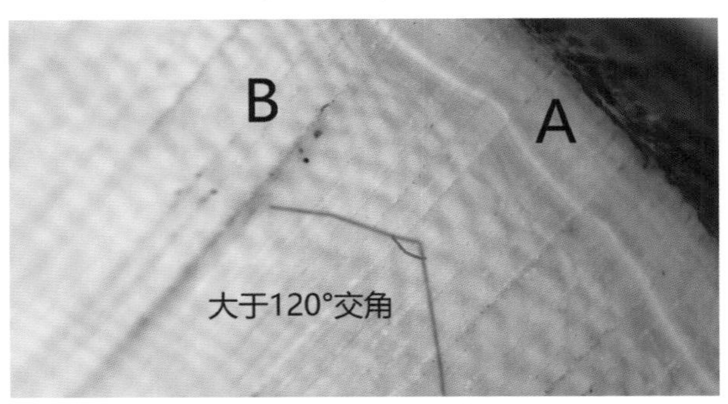

图4-3-21 象牙粗疏勒兹纹层交角大于120°

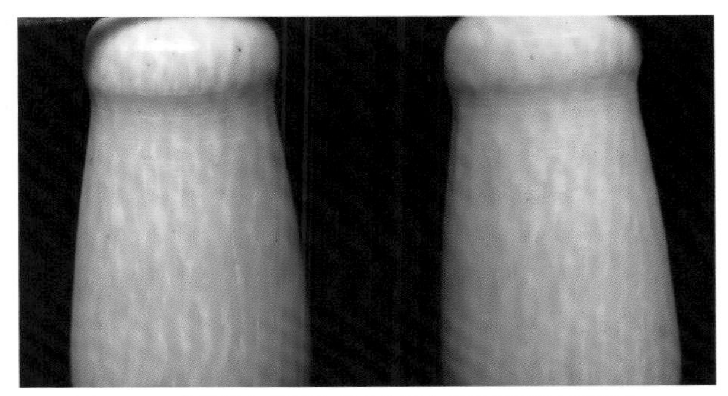

图4-3-22 象牙纵切面若隐若现的微波状纹理近平行断续分布

图4-3-23 猛犸象牙

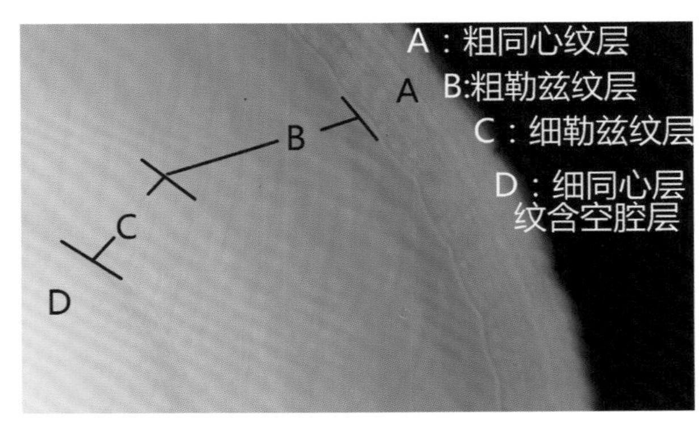

图4-3-24 猛犸牙结构

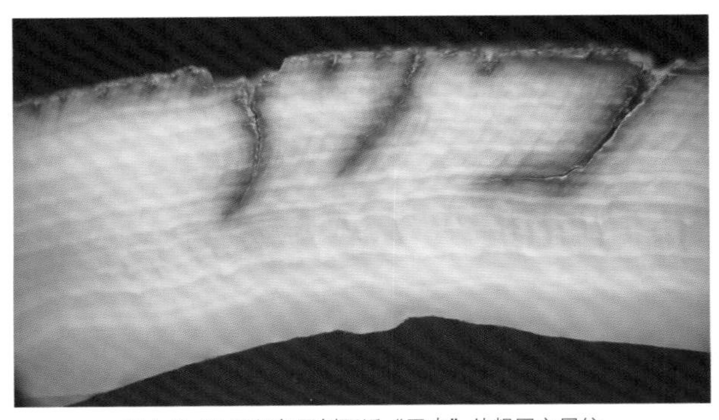

图4-3-25 猛犸象牙侧面近“牙皮”处粗同心层纹

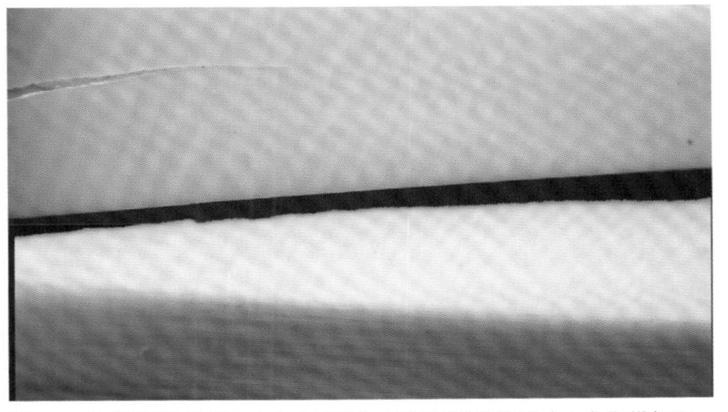

图4-3-26 猛犸象牙最大夹角小于95° 交角的勒兹纹理（上）和纵切面上直线状纹理（下）

第五章

非晶体相关的宝石学基础知识

欧泊是非晶体中最早被人们公认为是宝石的品种，几百年来，人们一直爱慕和收藏它，赞美欧泊的诗词比比皆是。古罗马博物学家普林尼曾对欧泊作过如下精彩的描述：在一块欧泊石上，你可以看到红宝石的火焰，紫水晶般的亮紫色，祖母绿般的绿海，五彩缤纷，浑然一体，美不胜收。欧泊的色彩之美不亚于画家的调色板和硫黄燃烧的火焰。莎士比亚曾在他的《第十二夜》中这样写道："这种奇迹是宝石的皇后。"在《马耳他马洛的珍宝》中亦用最古典华丽的词句赞美欧泊。诗人及艺术家杜拜(Du Ble)诗意的描述最为浪漫贴切："当自然点缀完花朵，给彩虹着上色，把小鸟的羽毛染好的时候，她把从调色板上扫下的颜色浇铸在欧泊里。"相对于欧泊而言，玻璃和塑料发明较晚，且长期被认为是廉价和假冒的代名词。

第一节 非晶体的概念及常见品种

一、非晶体概念

非晶体是指组成物质的分子（或原子、离子）不呈空间有规则周期性排列的固体。它没有规则的外形，非晶体加工之前外形属于不规则外形集合，加工之后非晶体肉眼观察颜色、透明度、光泽特征与晶体类似，如玻璃、欧泊。

二、非晶体宝石常见品种

天然宝石品种有欧泊（图5-1-1）、天然玻璃（图5-1-2）。

人工宝石品种有玻璃（图5-1-3、图5-1-4）、塑料、陶瓷。

图5-1-1 欧泊

图5-1-2 天然玻璃

图5-1-3 脱玻化玻璃

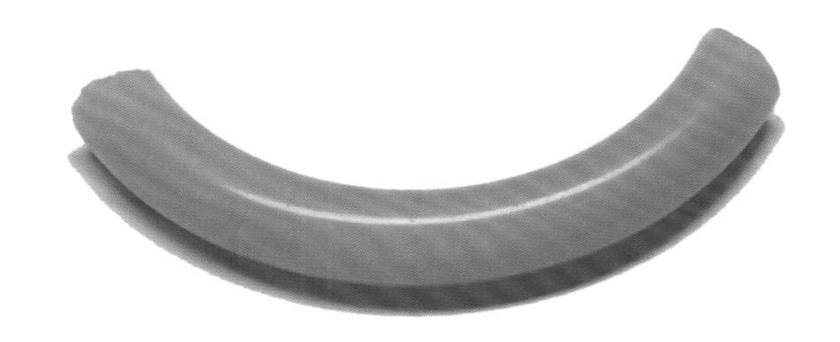

图5-1-4 用来仿翡翠的玻璃

课后阅读：玻璃

玻璃制品生产有悠久的历史，公元前16世纪埃及就已制造单色的玻璃珠，公元前10世纪后，镶嵌珠(蜻蜓眼)已经很流行了。我国在春秋战国时期出现了玻璃表面镶嵌有几种不同颜色花纹“蜻蜓眼”的玻璃珠、云纹壁等，楚国的铅钡玻璃壁、珠、管等在外观和使用性能上已达到仿玉的效果。

玻璃一直是最常用的仿制宝石材料。尤其现在，玻璃的品种千变万化，几乎可用来仿任何天然宝石，特别是在模仿大多数无机宝石时，具有相当的迷惑性。虽然它不太明亮，但可以用来仿制紫水晶、海蓝宝石和橄榄石。 也可用来仿制天然形成的宝石，如虎眼、蛋白石、珊瑚、珍珠等，玻璃熔合层可以仿制玛瑙、孔雀石、玳瑁。

玻璃的制作工艺已经十分成熟。尽管如此，玻璃作为仿宝石不能做到化学稳定性、物理指标(密度、折射率、硬度、热敏感性)、结构特性、断口与天然宝石相似，只能做到外观、色泽相似，形貌上做到尽可能的逼真。

一般透明宝石的玻璃仿制品是将传统的玻璃熔融并加入适当的材料而制得的。玻璃的熔化通常是在燃气炉窑的陶瓷坩埚中进行的。当加入适当材料的玻璃熔化后，可将其熔融液倒入模子，通过对模子施压以获得所需的形状。在铸模过程中，由于不均匀收缩会在表面留下收缩凹坑。膜子的结合部位也会留下铸模痕。

一、仿宝石的玻璃

玻璃品种的类型的性质与加入的特殊材料有关。这里介绍的是常见且容易与天然宝石混淆的玻璃品种：铅玻璃、微晶玻璃、玻璃猫眼。

1. 铅玻璃

铅玻璃是以高铅或中铅晶质玻璃为基础成分，加入各种稀土着色剂，以达到各种宝石的效果。

2. 微晶玻璃

微晶玻璃又称晶花玻璃、微晶玉石或玉晶石等，其可通过各种工业尾矿、灰渣或炉渣等原料得到，并可通过添加特定的晶核剂以及热处理工艺，使其内部晶体的生长不产生明显的取向性，从而形成放射状、针状或枝状球晶，其成本低廉，色彩鲜艳。微晶玻璃主要由结晶相和玻璃相组成，残存于晶体间的玻璃相将数量巨大、粒度细微的晶体相结合，多用来仿制玉石（图5-1-5～图5-1-8）。

3. 玻璃猫眼

最初由美国卡谢公司生产，故得名卡谢猫眼，英文名称为Cathay Stone。它是由几种不同玻璃的光纤以立方或六方的形式排列并熔结在一起，称“光纤面板”，每平方cm内有15万根光纤，能产生极好的猫眼效应。折射率1.8，比重4.58，摩氏硬度6。

现在，这种材料大量地用于装饰品中，几乎各种颜色都有。大多为鲜艳的红、绿、蓝、黄、橙、紫或白色。因与自然界猫眼宝石完全不同的颜色让人一看就会怀疑。但黄褐色玻璃猫眼的颜色与金绿宝石猫眼、石英猫眼的颜色十分相似（图5-1-9、图5-1-10）。不过，用放大镜观察其亮带两侧面便可发现典型的蜂窝状结构，这是玻璃猫眼的诊断性特征（图5-1-11、图5-1-12）。

二、改善宝石中的玻璃

绝大多数自然界出产的宝石颜色较差、透明度低，且裂隙较多，不能满足市场需要，所以宝石的优化处理技术被广泛应用来优化宝石的颜色、透明度等外观特征，优化处理也可以统称改善，目前改善宝石方法最多的莫过于红、蓝宝石，祖母绿、碧玺等。这些处理品若商家不声明，普通消费者极难辨别。

在改善宝石的过程中，玻璃于21世纪初增加了一种新的身份——裂隙填充物（图5-1-13~图5-1-15）。2003年市场上开始出现铅玻璃充填的红宝石和刚玉，2004年3月日本宝石协会（GAAJ）首次检测到铅玻璃充填红宝石以来，著名的宝石实验室（AGTA、GIA）也陆续遇到了同样方法处理的红宝石。拉曼光谱分析证实了宝石的充填物与一种含铅硼酸盐玻璃很相似。

2007年市场上出现钴蓝色铅玻璃充填的蓝宝石，早期充填蓝宝石颜色较暗。

2011年市场上大量出现钴蓝色铅玻璃充填蓝宝石，颜色与高档蓝宝石较为接近。

近些年来，市场上也出现越来越多的红宝石充填过量的玻璃，使得细小的红宝石碎块被玻璃黏结，这种处理的宝石可以被称之为玻璃/红宝石混合物。需要特别注意的是被玻璃充填的宝石并非只有天然成品宝石，也有报道称在刚玉晶体原石和某些合成宝石中发现玻璃充填痕迹。

图5-1-5 脱玻化玻璃（反射光）

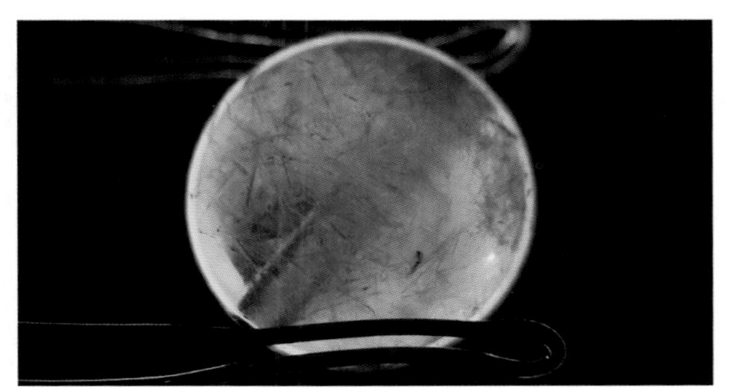

图5-1-6 脱玻化玻璃（透射光）

图5-1-7 脱玻化玻璃内部晶体（暗域照明法 40X）

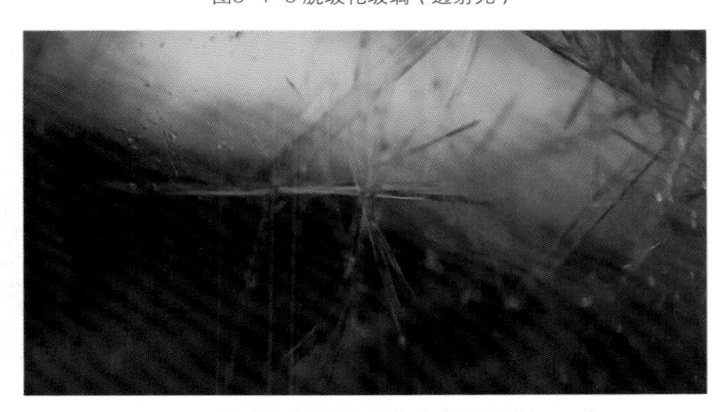

图5-1-8 脱玻化玻璃内部晶体（暗域照明法 40X）

图5-1-9 玻璃猫眼（反射光）

图5-1-10 玻璃猫眼（反射光）右图

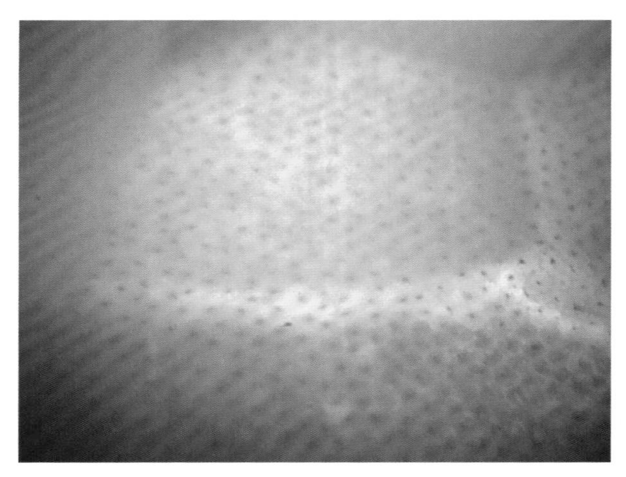

图5-2-11 玻璃猫眼的蜂窝状结构（暗域照明法 25X）

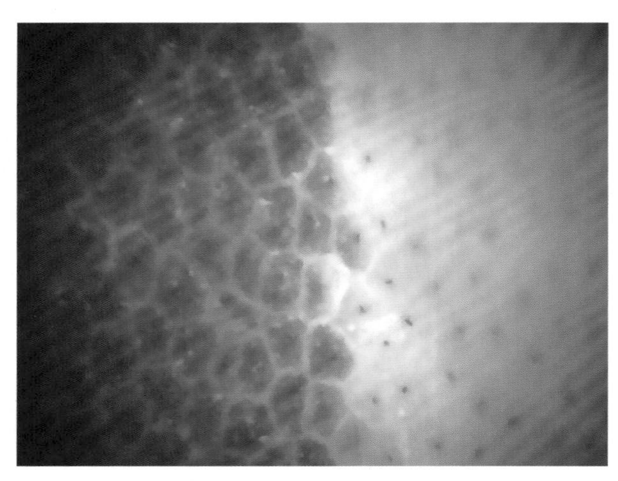

图5-2-12 玻璃猫眼的蜂窝状结构（暗域照明法 25X）

图5-1-13 玻璃与红宝石表面光泽差异（垂直照明法 20X）

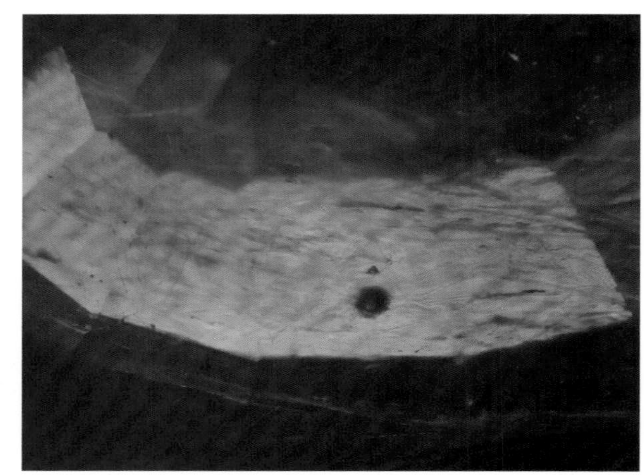

图5-1-14 红宝石裂隙中玻璃的闪光效应（暗域照明法 20X）

图5-1-15 红宝石裂隙中玻璃的蓝色闪光效应及气泡（暗域照明法 20X）

第二节 与非晶体相关的光学名词释义

非晶体宝石的光学性质包括颜色、光泽、透明度、发光性、特殊光学效应，某些已经在第二章展开过名词解释，这里不再赘述，这一节内容中我们将简要讨论到光照条件下观察非晶体时会看到的现象以及描述该现象的专业术语。需要特别说明的是非晶体中不可见色散、多色性、双折射现象。

一、非晶体的颜色

在这里我们会讨论到的是欧泊的颜色描述。

欧泊由于其变彩效应的颜色多样性使得描述欧泊的颜色常用其体色来描述。

1. 黑欧泊，体色为深蓝、深灰、深绿等深色或者是黑色的欧泊（图5-2-1）。

2. 白欧泊，体色为白色或者灰色、透明至半透明欧泊（图5-2-2）。

3. 火欧泊，以橙色为主、透明至半透明欧泊（图5-2-3）。

4. 晶质欧泊，无色、透明至半透明欧泊（图5-2-4）。

二、非晶体的光泽

本书中涉及的宝石光泽有8种，第二章中我们已经讨论了晶体中容易见到的金属光泽、金刚光泽、玻璃光泽、油脂光泽这4种，第三章中讨论了油脂光泽、丝绢光泽、蜡状光泽。第四章中讨论了有机宝石中会见到珍珠光泽、树脂光泽。

非晶体的光泽术语属于上述几类，具体光泽以实际

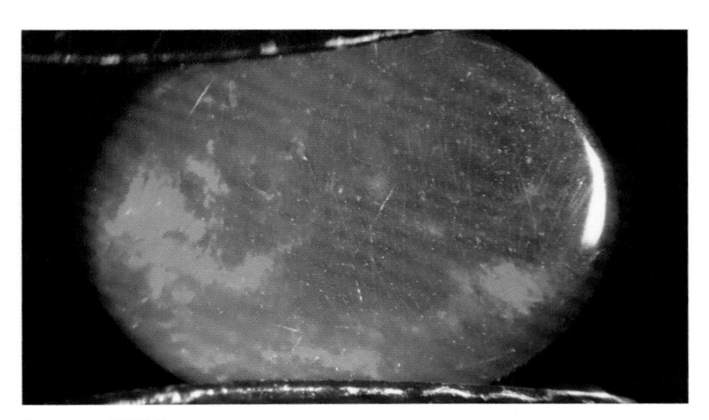

图5-2-1 黑欧泊

图5-2-2 白欧泊

图5-2-3 火欧泊

图5-2-4 晶质欧泊

观察的为准。

在实际观察中，如果从某一个角度发现欧泊出现规律分层的光泽，可以判断为拼合欧泊（图5-2-5、图5-2-6）。

三、非晶体的透明度

非晶体的透明度描述和晶体透明度描述的术语一致，观察方式一致。

这里会有针对性地讨论玻璃猫眼，所有玻璃猫眼的特征几乎一致：垂直猫眼效应亮线方向观察玻璃猫眼为半透明（图5-2-7），平行玻璃猫眼亮线方向观察玻璃猫眼为亚透明（图5-2-8），仔细观察亚透明方向可见蜂窝状结构。

四、非晶体的发光性

除了加入特殊成分具有磷光现象的玻璃外，非晶体的发光性一般肉眼无法观察出来。

五、非晶体的特殊光学效应

这里将会涉及到的是非晶体中常见的晕彩效应、变彩效应、砂金效应。欧泊中不仅只是变彩效应，还能出现猫眼效应（图5-2-9、图5-2-10）。天然玻璃中常见晕彩效应，偶见砂金效应（图5-2-11）。玻璃中因添加物质的不同，多呈现猫眼效应、砂金效应。其他特殊光学效应非晶体中少见。

图5-2-5 拼合欧泊

图5-2-6 拼合欧泊侧面光泽不同

图5-2-7 垂直猫眼效应亮线方向观察玻璃猫眼为半透明

图5-2-8 平行玻璃猫眼亮线方向观察玻璃猫眼为亚透明

1. 晕彩效应

晕彩效应可以分为狭义和广义两种。

广义的晕彩效应可以理解为特殊光学效应中除了猫眼效应、星光效应、变色效应以外其他的特殊光学效应的统称，涵盖变彩效应、月光效应、砂金效应等。

狭义的晕彩效应可以理解为特殊光学效应中除了猫眼效应、星光效应、变色效应、变彩效应、月光效应、砂金效应等以外其他的特殊光学效应的统称。

我们这里谈到的晕彩效应指的是狭义的晕彩效应，常见于黑曜石中。

天然玻璃的来源有两种，一种是天外来客——陨石；一种是在冷却的岩浆岩中容易被发现的火山玻璃，也叫黑曜岩或者黑曜石。用反射光观察黑曜石有些时候可以观察到多层同心环状较宝石体色浅的现象，这种现象我们称之为晕彩效应（图5-2-12、图5-2-13）。

2. 变彩效应

用反射光照射欧泊、合成欧泊、仿欧泊的变彩玻璃、塑料等非晶体宝石时，反射光源和被观察宝石相对移动，宝石中出现的除了体色以外的多种颜色的现象（图5-2-14）。没有变彩效应的欧泊称为蛋白石（图5-2-15）。

图5-2-9 欧泊猫眼（反射光）

图5-2-10 具有猫眼效应的欧泊在光源移动时，猫眼眼线移动的对比图

图5-2-11 具有砂金效应的天然玻璃在光源移动时，砂金效应闪烁现象对比图

图5-2-12 普通强度反射光下黑曜岩（火山玻璃）外观

图5-2-13 高强度反射光下黑曜岩（火山玻璃）的晕彩效应（左边为同心环状，右边为纤维状）

图5-2-14 欧泊的变彩效应

图5-2-15 粉色蛋白石

这里需要特别注意的是变彩效应、月光效应、变色效应和多色性的区别（表1）。

表1：变彩效应、月光效应、变色效应和多色性的观察方式及观察要点

	观察方式	观察结果
变彩效应	用反射光观察宝石 宝石或者观察光源相对移动	宝石中观察到多种颜色块，并且随着宝石和光源的相对移动同一地方颜色出现变化（图5-2-16）
月光效应	用反射光观察宝石 宝石或者观察光源相对移动	宝石中观察到一片游移的蓝色或者橙黄色，并且随着宝石和光源的相对移动同一地方颜色出现变化（图5-2-17）
变色效应	用反射光观察宝石 不同光源下观察同一个宝石	每种光源下宝石仅能观察到一种固定颜色（图5-2-18、图5-2-19）
多色性	用透射光观察宝石 同一光源下多角度观察宝石	通过不同角度观察宝石，可能观察到不同颜色（图5-2-20）

图5-2-16 变彩效应的欧泊

图5-2-17 变彩效应（左三个）和月光效应（右三个）对比

图5-2-18 夜晚烛光下的变石

图5-2-19 白天日光下的变石

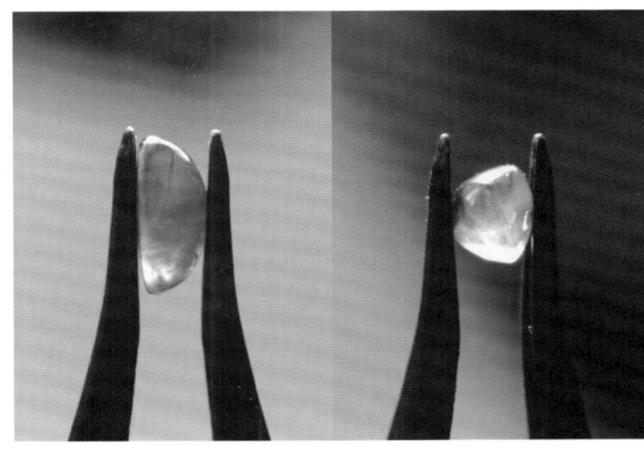

图5-2-20 具有多色性的堇青石

3. 砂金效应

有一种棕黄色具有砂金效应的玻璃在市场上极其常见，也叫作金星石或砂金石（图5-2-21、图5-2-22）。

其制作过程是将氧化亚铜加入到玻璃中，在淬火过程中氧化亚铜被还原成金属铜。铜的粉屑呈现小的三角形和六边形晶体。

这种方法也可以制作出含有金属铜片的宝蓝色半透明玻璃，用来仿含有黄铁矿的青金石（图5-2-23）。

图5-2-21 具有砂金效应的玻璃（蓝色）

图5-2-22 具有砂金效应的玻璃（深蓝色和棕黄色）

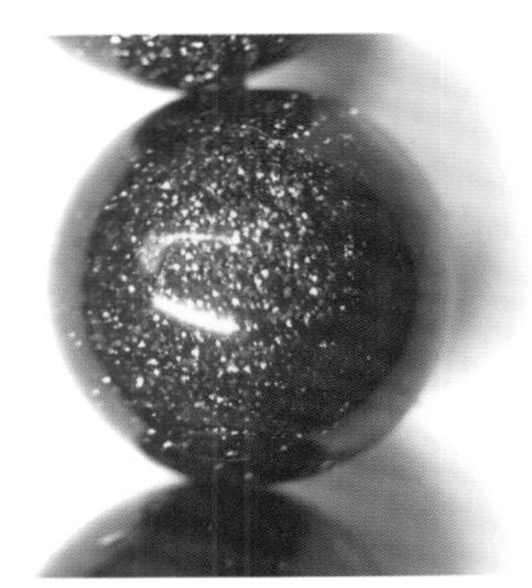

图5-2-23 含有黄铁矿的青金石和具有砂金效应的玻璃对比图

课后阅读：欧泊

欧泊的英文为Opal，源于拉丁文Opalus，意思是“集宝石之美于一身”。古罗马自然科学家普林尼曾说：“在一块欧泊石上，你可以看到红宝石的火焰，紫水晶般的色斑，祖母绿般的绿海，五彩缤纷，浑然一体，美不胜收。”

一、欧泊的产地

欧泊的成分是多水二氧化硅。

欧泊的形成需要稳定的地质环境及适当的生长时间。古风化壳中的欧泊是风化淋积作用的结果，是通过富集二氧化硅的水溶液蒸发形成的，在蒸发过程中，如果环境稳定，水以恒定的速率蒸发，生长时间适当，就能形成大小相同、形态均一的固态二氧化硅球粒，这些球粒有序地配置分布，圈闭它们之间的水，规则排列的二氧化硅球粒可使光线绕射形成贵重欧泊特有的变彩效应，如果环境不稳定，水的蒸发速率变化不定或生长时间过短，就会形成大小不等、形状各异的固化二氧化硅颗粒，这些不规则颗粒以无序方式配置，形成劣质欧泊，甚至普通蛋白石。而生长时间过长时，也会由于结晶失去变彩。

只要符合上述地质条件，很多地方都会发现欧泊，例如墨西哥、澳大利亚、秘鲁、埃塞俄比亚等。

1. 墨西哥欧泊

墨西哥一直出产优质欧泊，早在澳大利亚发现欧泊之前，墨西哥就是著名的欧泊产区，墨西哥欧泊矿藏主要位于墨西哥南部，如伊尔戈、吉玛巴和圣尼古拉斯等地。但因产量稀少、矿区偏远、政局不稳定等因素，市面上难得一见。墨西哥欧泊分为三类：火欧泊、欧泊、母岩欧泊，其中以火欧泊、晶质欧泊最为著名。在埃塞俄比亚欧泊被发现之前，墨西哥是火欧泊的唯一产地。

2. 澳大利亚欧泊

澳大利亚出产的欧泊，也被称为“沉积的宝石”。因为它主要形成和出产于中生代大自流井盆地中的沉积岩中。

澳大利亚的欧泊发现于19世纪中后期。矿藏主要分布在澳大利亚西南部的新南威尔士州的白悬崖、闪电岭，南澳大利亚州库勃彼德和安达莫卡，昆士兰州的欧泊顿和海利克斯。其中位于新南威尔士州的闪电岭因盛产黑欧泊而闻名于世，该地曾产出重226克拉被命名为“澳大利亚精华”和重273克拉的“世纪之光”等重要的欧泊石。

澳大利亚产出欧泊的种类比较全面，有黑欧泊、白欧泊、晶质欧泊、动植物化石欧泊等，其中最为出名的是黑欧泊。

3. 秘鲁蓝欧泊

20世纪80年代，秘鲁当地开采铜矿的时候发现蓝欧泊，但是直到2001年春季的美国图桑宝石展销会才见其身影。

秘鲁蓝欧泊的体色为蓝色、绿色、蓝绿色（图5-2-24）。蓝欧泊中最为稀少珍贵的颜色是碧蓝色，其次是湖水蓝。秘鲁蓝欧泊变彩不发育。

秘鲁蓝欧泊半透明至不透明。半贝壳状断口。正交偏光下，蓝欧泊整体显集合消光，局部见不规则纹理状或带状消光。短波紫外灯下，发中—弱的绿色萤光；长波紫外灯下，发弱绿色萤光。

蓝欧泊内部常含有外形呈苔纹状、絮状（图5-2-25）、斑点状铁猛氧化物和褐铁矿固相包裹体。

图5-2-24 秘鲁蓝欧泊

图5-2-25 秘鲁蓝欧泊内部絮状物（暗域照明法 20X）

4. 埃塞俄比亚欧泊

埃塞俄比亚欧泊，在1994年就有报道在绍阿（shewa）省有发现，只不过是性质不稳定，易开裂，市场接受程度低。2008年，当埃塞俄比亚威洛(welo)地区开采出与澳大利亚一样稳定的欧泊之后，埃塞俄比亚欧泊才逐渐被市场接受。

埃塞俄比亚欧泊也称为水欧泊，英文为hydrophaneopal，其中hydrophane这个词来源于希腊语，意思是“水的存在”，描述了它们吸水的能力，还有在水里它们会从不透明变半透明，或者从半透明变透明的特征。有一些在干燥时没有亮丽的变彩的欧泊，会在水中显示出清晰的变彩。

埃塞俄比亚产出欧泊的种类有白欧泊、晶质欧泊、火欧泊等。

与澳大利亚欧泊相比，埃塞俄比亚欧泊的特点可以总结为变彩色斑的更加多样，类似海绵一样的脱水和吸水性，带有一种类似的月光效应的现象，体积较大。

5. 其他产地欧泊

美国内华达州的维尔京山谷也产有部分火欧泊和黑欧泊。世界已知的最大一块欧泊，重2610克拉就是来自这里(现存于美华盛顿斯密逊博物馆)。不过，美国欧泊的缺点是含水较高，长期暴露在空气中会因失水而开裂。最终甚至完全自动破碎。

我国河南、陕西、云南、安徽、江苏、黑龙江也有蛋白石产出，但从质量看，仅属于玉石级，宝石级的蛋白石只在河南商城一带有发现。

二、欧泊的变彩效应

不管是哪个产地的欧泊，其产生变彩效应的原因都是一致的。

1. 欧泊变彩效应产生的原因及影响因素

通过扫描电镜对于具有变彩效应的欧泊内部进行观察，可以发现欧泊内部是由无数近似球形的二氧化硅球粒堆积而成的，这些二氧化硅球粒大小类似，排列整齐，在一定范围内，一个接一个地连成一串，一对一地叠成简单的立方堆积体，或者一串在另一串的间隙上叠加起来，成为体心立方堆积。

当二氧化硅球粒大小不等、排列无序时，它们之间的空隙也就杂乱无章，不能形成光栅，当光射入这类蛋白石时，不能产生衍射，也就不能产生变彩效应。

此外，欧泊中可能含有少量石英、高岭土和滑石等非均质矿物微晶，石英是由非晶态的蛋白石结晶形成的，随着地质时间的推移，非晶态蛋白石、结晶度差的粒状单斜鳞石英、结晶度较好的长柱状单斜鳞石英、结晶度较好的粒状石英。而结晶程度决定了欧泊变彩的强弱，据有关资料报道，在强变彩的欧泊中，无微晶，仅具有弱结晶性；在中等变彩的欧泊中，含有外形轮廓模糊的粒状单斜鳞石英微晶；而在弱变彩或无变彩的欧泊中，出现针状外形的单斜鳞石英微晶，表明已有弱的结晶。也就是说，随着结晶程度的增加，欧泊的变彩程度将随之减弱。

欧泊的变彩效应除了与二氧化硅球粒和本身均质性等这些内因有关之外，还受外部条件的影响。由于变彩效应是一种光学效应，而光仅是作用于人脑的一种感觉，因此，观察的位置、时间、方法也会对变彩效应产生影响。即同一块欧泊，在不同的经纬度，不同季节，不同天气，或同一天的上午或下午观察，其变彩的强弱或颜色的多少也有所不同。因此，在室内借助于自然光观察欧泊，最好背对着窗户；如果在室外，宜背对着太阳，采用相反的位置观察较好。如在灯光下，则应利用反射光，眼睛距离欧泊15~20cm处观察其变彩强弱和颜色种类多少，描述和评价则更为准确。

2. 欧泊变彩效应中色斑颜色产生原因

欧泊内部二氧化硅小球的紧密排列形成了球粒间有规则的空隙。这些空隙接近于光波长，因此形成了一个能使光发生衍射的三围光栅，当光线射入欧泊时，一部分光线射到二氧化硅球粒表面，产生折射，而另一部分光线则通过空隙组成的三维光栅，当光的形成差等于波长的整数倍时，光就发生衍射。牛顿的三棱镜实验证明，自然光可以分解为七色光。因此当自然光经过光栅后，各种波长的单色光将发生衍射，分解成从紫到红的不同颜色。

欧泊变彩效应的颜色取决于二氧化硅小球之间的空隙大小，而空隙大小取决于二氧化硅小球的直径。二氧化硅小球直径大，其间空隙也大，允许通过的单色光就多，产生变彩颜色就丰富，反之变彩颜色单调。

总之，产生变彩效应的欧泊必须满足以下条件：球粒大小适中、球粒大小相似、球粒排列有序。欧泊与普通蛋白石、优质欧泊与劣质欧泊的本质区别，就在于它们的内部显微结构。球粒大小越均一，球粒粒径适中，排列越有序，则产生的变彩越强烈，欧泊的质量越高；反之，球粒大小不等，排列无序，便形成了普通蛋白石。

3. 欧泊变彩效应中色斑形状产生原因

变彩中色斑的形成源于球粒的结构缺陷。许多宝石学专著都已提到产生变彩的欧泊是由等径的球粒有序排列堆积形成的。但是“等径”以及“有序”都只是相对而言的。电镜扫描照片显示球粒大小仅是在一定范围内基本相等，球粒的排列方式或堆积方位也并非严格一致，而只是在一定范围内呈现有序排列，从而形成了镶嵌构造。这种构造是由于在欧泊形成过程中，地质条件并非绝对稳定，一些轻微的变化都会造成球粒大小不等和排列的次序出错。正是这种构造使欧泊在同一平面上，具有多种颜色的彩片、彩丝或彩点的交替变换，如万花筒般变化多端，色彩斑斓。如果整块欧泊都由大小完全相等、排列完全一致的球粒堆积而成，则所能看到的变彩就只能是整块欧泊的颜色同时呈现有规律的变化，在任何时刻，被观察到的颜色只有一种。因此在鉴定中，大小不一、边界模糊的色斑应视为是天然欧泊的特征之一。

第三节　与非晶体相关的力学性质释义

在这里我们将会讨论与非晶体相关的断口。

非晶体宝石中的玻璃（无论天然性）、塑料、欧泊等常见贝壳断口（图5-3-1～图5-3-3）。

图5-3-1 玻璃的贝壳断口（油脂光泽）

图5-3-2 玻璃（仿日光石）的贝壳断口

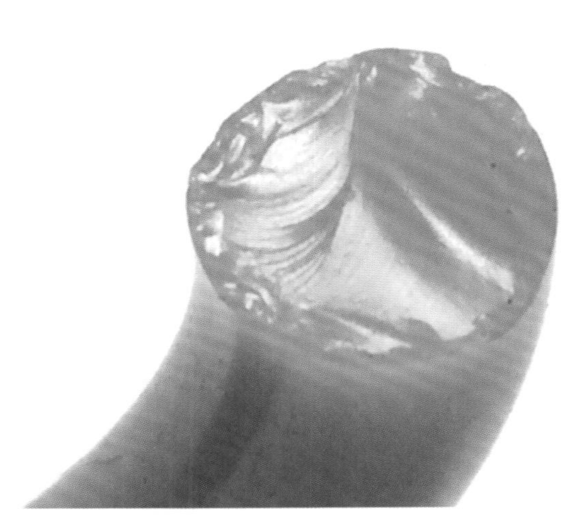

图5-3-3 玻璃（仿翡翠）的贝壳断口

课后阅读：塑料

塑料是一种人造有机材料，主要由碳氢原子组成的高分子聚合物长链所构成。塑料的可塑性强，可以加热或铸造加工成任何形状，同时又可以通过添加染色剂的方法制成各种颜色，塑料与大多数无机宝石的物理性质相去甚远，所以很少用来仿除欧泊以外的其他透明的无机宝石。但塑料的光泽、比重、硬度、导热性等许多物理性质与有机宝石相近，因而常用于仿有机宝石，且具有较强的迷惑性，例如仿制珍珠、琥珀、煤精等。多数塑料仿制品采用铸模成型。塑料有时也用于宝石的优化处理，如贴膜、背衬和表面涂层。

塑料不是一种耐用的仿制材料，所以必须特别注意，防止损坏。

结束语

不可否认的是，从事某一特定种类宝石销售或者加工的人士对于特定宝石天然性鉴定要比宝石学研究者们更加精准，但是对其他宝石的鉴别能力还有很大提升空间。很多珠宝爱好者们或者入门者往往认为宝石可以通过一条特征鉴定出来，例如因为是红色所以是红宝石，通透、闪烁、价格便宜的宝石就一定是假的等。

部分爱好者们通过自行学习专业或者参加各类培训班后，最容易抱怨的问题就是学的太理论化，实用性低，和自己所期望的一眼看出来宝石是什么这个目标相差太远，基本上入门课程结束后对宝石鉴定这件事情最强烈的感觉就是困难。

事实上，宝石学的学习和研究不是一件很困难的事情，而是一件很复杂的事情，因为历经百年的发展，在学科体系内对于一些现象我们会用一些固定的特别的词汇（也可以叫作专业术语）去形容，对于专业入门者和珠宝爱好者而言，由于缺失专业术语和现象之间的联系，对某类宝石的观察时间不够，观察要点不清晰，加之宝石种类繁多，所以无从下手。

其实要解决这些问题很简单，只要你愿意花时间多看宝石，按照学科思维方式想问题，有一天你一定会成为一名能够辨别宝石的专业人士。

参考资料

1. 肖滢、石卿，《国内市场上彩斑菊石的初步研究》，2009年中国珠宝首饰学术交流会
2. 《珠宝玉石·名称》，GB/T 16552-2010
3. 张培莉，《系统宝石学》，地质出版社，2006年5月第二版
4. 《珠宝玉石·鉴定》，GB/T 16553-2010
5. 李娅莉、薛秦芳，《宝石学基础教程》，地质出版社，2002年8月第一版
6. 崔文元、吴国忠，《珠宝玉石学GAC教程》，地质出版社，2006年5月第一版
7. 王惊涛，《宝玉石资源与市场》，深圳技师学院校本自编讲义
8. 美国宝石学院官方网站
9. 潘兆橹，《结晶学与矿物学》，地质出版社，1993年10月第三版
10. 《颜色术语》，GT/T 5698-2001
11. 龙西法、刘之萍、周亶，《月光石的基本特征及月光效应肌理研究》，《矿产与地质》，2002年01期
12. 陈丰，《矿物颜色的本质》，《地球与环境》，1979年04期
13. 卢本珊、王根元，《中国古代金矿物的鉴定技术》，《自然科学史研究》，1987年第1期第6卷，73～81
14. 甘肃省地矿局官方网站
15. 国家首饰质量监督检验中心官方网站
16. 约翰·范顿，《世界矿物玉宝石探寻鉴定百科》，机械工业出版社，2014年11月第一版
17. 英国宝石协会，《宝石学教程初级教程》，中国地质大学出版社
18. 英国宝石协会，《宝石学教程证书教程》，中国地质大学出版社
19. 赵建刚、王娟鹃、孙舒东，《结晶学与矿物学基础》，中国地质大学出版社，2009年4月第一版
20. 亓利剑、杨梅珍、胡永兵、陆永庆，《秘鲁蓝欧泊》，宝石和宝石杂志，2001年9月第3卷第3期
21. 邵臻宇、朱静昌，《欧泊的变彩效应及成因模式探讨》，上海地质，2000年第1期
22. 郑艳莹，《一种新型的碧玺仿制品》，宝石和宝石杂志，2008年3月第10卷第1期
23. 王承遇、潘玉昆、陶瑛，《仿珠宝玻璃的制造》，玻璃与搪瓷，2006年6月第34卷第3期
24. 蔡佳、余晓燕、尹京武、刘春花，《一种翡翠的仿制品透辉石微晶玻璃的宝石学特征》，宝石和宝石杂志，2010年9月第12卷第3期
25. 胡楚雁、陈南春，《一种宝玉石的仿制品——硅灰石微晶玻璃》，宝石和宝石杂志，2001年6月第3卷第2期
26. 徐泽彬、席献涛，《一种仿软玉“新型玻璃”的宝石学研究》，宝石和宝石杂志，2012年6月第14卷第2期
27. 韩冰、夏晓东，《一种和田玉的仿制品——含氟的硅碱钙石微晶化玻璃的初步研究》，岩石矿物学杂志，2011年8月第30卷增刊

28. www.rakuten.ne.jp/gpld/art-coral/sango.html

29. Emmanuel Fritsch and Elise B. Misiorowski, The History And Gemology Queen Conch “pearls” , Gem&Gemology, Winter, 1987

30. 古柏林实验室官方网站

31. 维基百科

32. 百度文库

33. Ian Shaw, Illustrated History of Ancient Egypt, Oxford University Press

34. F. Rogers, A. Beard, 5000 Years of Gems & Jewelry, FA Stokes Co., N.Y.

35. Christina El Mahdy, Mummies, Myth and Magic, Thames and Hudson

36. Carol Andrews, Ancient Egyptian Jewelry, Harry N. Abrams Press

37. Joan Aruz, Art of the First Cities, Metropolitan Museum of Art

38. Virginia Schomp, Ancient Mesopotamia: Sumerians, Babylonians, & Assyrians, Franklin Watts

39. Caroline Perry, Jewelry Inspired by Ancient Cultures, Running Press

40. John Baines, Atlas of Ancient Egypt, Facts On File Press

41. Andrew Oliver, Patricia Davinson, Ancient Greek & Roman Jewelry, Brooklyn Museum

42. Elena Neva, Types and Forms of Ancient Jewelry from Central Asia, www.transoxiana.org

43. Christie Romero, Antique, Period, & Vintage Jewelry, www.center4jewelrystudies.org

44. Untracht, Oppi., Traditional Jewellery of India, New York: Abrams

45. Nassau, K., Gems made by man, Gemological Inst of America

46. Pliny., Natural History XXXVI.

47. Neich, R., Pereira, Pacific Jewellery and Adornment.

48. Tyler Adam, Mesopotamian Jewelry, www.tyler-adam.com

49. T. Garcia, Fire and Metals, www-geology.ucdavis.edu

50. Crystal Links, Ancient Greek Culture, www.crystalinks.com

51. Getty Museum, Hellenistic Period, www.getty.edu

52. Lisbet Thoresen, Gem Archaeology, ancient-gems.lthoresen.com

53. T. Garcia, Egypt home of the first written language? www.abc.net.au